4. 羊茅叶锈病症状

5. 多年生黑麦草冠锈病症状

6. 草地早熟禾
秆锈病症状

8. 禾草叶片患条
形黑粉病症状

7. 禾草白粉病症状

9. 禾草叶鞘患条
形黑粉病症状

2

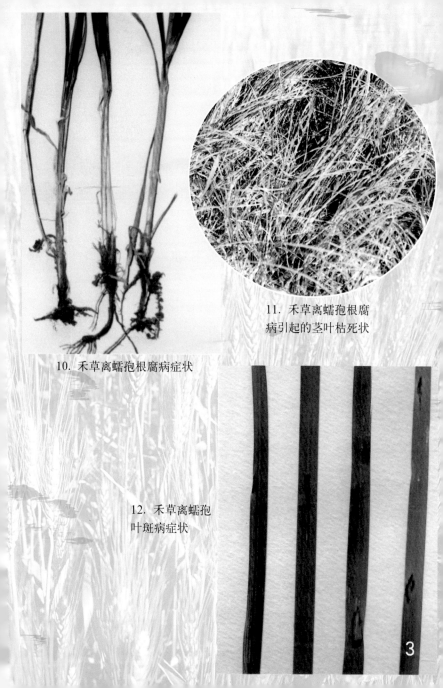

10. 禾草离蠕孢根腐病症状

11. 禾草离蠕孢根腐病引起的茎叶枯死状

12. 禾草离蠕孢叶斑病症状

13. 禾草离蠕孢根
腐病草地斑状态

14. 草地早熟禾德氏霉
叶枯病（消融病）症状

15. 多年生黑麦草网斑
病症状（罗禄怡提供）

4

16. 鼎股颖德氏
霉叶枯病症状

17. 草地早熟禾弯
孢霉叶枯病症状

18. 雪霉叶枯
病危害叶片状

5

19. 雪霉叶枯病菌引起的
基部叶鞘和叶片腐烂状

20. 禾草雪霉叶
枯病草地斑状态

21. 草地早熟禾感染
草地褐斑病的症状

6

22. 翦股颖草地褐斑病的草地斑状态

23. 草地褐斑病危害草地早熟禾导致植株枯死状

24. 草地褐斑病侵害草地早熟禾后形成的草地斑

7

25. 禾草全蚀病症状

26. 禾草全蚀病草地斑

27. 禾草腐霉疫病症状

28. 因干旱而停止发展
的禾草腐霉疫病草地斑

29. 禾草腐霉疫
病草地斑状态

30. 禾草白绢病症状

9

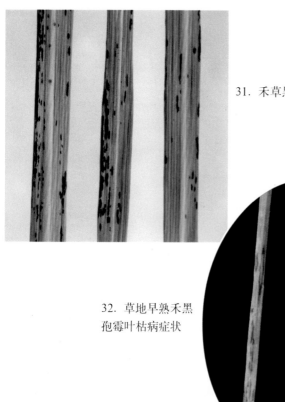

31. 禾草黑痣病症状

32. 草地早熟禾黑
孢霉叶枯病症状

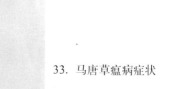

33. 马唐草瘟病症状

35. 病原菌为黑麦喙孢的
早熟禾喙孢霉叶枯病症状

34. 病原菌为直喙孢的
鸭茅喙孢霉叶枯病症状

36. 三叶草普通锈病症状

37. 三叶草白粉病症状

39. 三叶草黄斑病症状

38. 三叶草匍柄
霉轮斑病症状

12

40. 三叶草黑斑病症状

41. 三叶草壳多孢叶斑病症状

42. 三叶草尾孢条斑病症状

43. 大黑鳃金龟幼虫（蛴螬）

13

44. 沟金针虫

45. 小地老虎幼虫

47. 中华蚱蜢

46. 小地老虎蛹

48. 黄胫小车蝗

49. 油葫芦

50. 斜纹夜蛾幼虫

51. 粘虫成虫
（徐秉良提供）

53. 草地螟成虫
（徐秉良提供）

52. 甜菜夜蛾幼虫

55. 大青叶蝉细部形态

54. 大青叶蝉成虫

草坪病虫害识别与防治

商鸿生 王凤葵 编著

金盾出版社

内 容 提 要

　　本书由西北农林科技大学植保学院教授商鸿生和王凤葵编著。书中全面阐述了草坪禾草和三叶草病虫害识别和防治的基本知识;详细介绍了 31 种(类)草坪禾草病害与 15 种三叶草病害的症状识别、病原生物、发病规律和防治方法,以及 44 种(类)禾草害虫与 8 种(类)三叶草害虫的形态识别、发生规律和防治方法;并附有 58 幅病害症状和害虫形态彩色照片。本书适合于草坪管护人员,草业从业人员,植保、植检、园林、城建、旅游和环境诸领域技术人员,农林院校有关专业师生和广大草坪爱好者阅读参考。

图书在版编目(CIP)数据

　　草坪病虫害识别与防治/商鸿生,王凤葵编著 .—北京:金盾出版社,2002.9
　　ISBN 7-5082-2008-0

　　Ⅰ. 草…　Ⅱ.①商…②王…　Ⅲ.①草坪-病虫害-识别②草坪-病虫害防治方法　Ⅳ.S436.8

　　中国版本图书馆 CIP 数据核字(2002)第 043262 号

金盾出版社出版、总发行

北京太平路 5 号(地铁万寿路站往南)
邮政编码:100036　电话:68214039　83219215
传真:68276683　网址:www.jdcbs.cn
彩色印刷:北京精彩雅恒印刷有限公司
黑白印刷:北京金盾印刷厂
装订:精益佳纸制品有限公司
各地新华书店经销
开本:787×1092 1/32　印张:6　彩页:16　字数:120 千字
2006 年 12 月第 1 版第 2 次印刷
印数:15001—16000 册　定价:7.50 元

前　　言

改革开放以来，我国草坪业获得了飞速发展，各类草坪大量建植。放眼塞北江南，天涯何处无芳草。建坪植物多用禾本科草类，由于温度和湿度的制约，大致北方地区种植冷季型草，南方地区种植暖季型草，而长江流域为过渡区，暖季型和冷季型草皆可种植，但以冷季型草为主。此外，豆科植物三叶草抗寒性强，保绿期长，在北方绿化草坪也应用较多。因此，本书重点介绍禾草与三叶草的病虫害防治。

草坪病虫害多而严重，已经成了草坪退化的重要原因。据多年调查，国内草坪病害种类多与国外相同，其中多数是随着种子引进而由境外传入的。草坪害虫多为国内已有种类，显然是由园林植物和农作物迁移而来的。鉴于草坪病虫害缺乏规范而统一的中文名称，本书列出了病原生物和害虫的拉丁文学名，以利于读者参阅国内外的文献资料。

为适于广大草坪从业人员和草坪爱好者阅读，本书以病虫的田间识别和防治为重点，简明地介绍了有关基本知识，并附有相关的彩照。我们有一个愿望，就是当读者研读本书后，借助于手中放大镜，就能识别常见病虫和提出合理的防治思路。

在病虫害防治方面，近年来有了明显的进步，积累了一些好经验，但也存在严重问题。例如，迄今缺乏登记用于草坪的药剂，有些管护人员因不能正确识别病虫而滥用农药，或随意加大用药量，或盲目混用农药，有的甚至到了无药不混的程度。这不仅不能有效控制病虫危害，而且还带来许多副作用。这表明在病虫防治技术方面，仍需深入探讨的问题很多。本书在介绍药剂防治时,没有规定病害防治的用药量,虽然给出了害虫防治用药量,但也是仅供参考。我们希望各地能够在正确识别病虫和了解其发生规律的基础上,经过试验和试用,提出适用的防治方法。在新药剂不断涌现的今天,这无疑是不断提高病虫防治水平的一个好途径。

当前所用的草类品种,绝大多数是由境外引进的。本书在介绍抗病品种时,直接使用品种的原有名称,不再译成中文,以免因译名不统一而造成误解。

能给广大草坪从业人员和草坪爱好者奉献这本小书,我们深感荣幸。我们恳请广大读者提出宝贵的建议和意见,为我国草坪事业的发展而共同努力。

商鸿生　王凤葵
于西北农林科技大学

目　　录

一、草坪病虫害的识别

草坪病虫害,是草坪植物病害与虫害的统称。本书所言的病害,是指由病原生物侵染而引起的传染性病害。本书所言害虫,习惯上包括有害昆虫、螨类和软体动物,而以昆虫为主。

(一)病害的识别

1. 病害的类型

草坪植物遭受某些生物或非生物因素的不良作用后,会发生病害,出现代谢失调、组织结构破坏、形态异常等一系列变化,造成植株衰弱或死亡,使草地景观受损,功能下降,甚至退化消亡。由生物因素所引起的病害,有明显的传染现象,是传染性病害。由营养失调、环境胁迫或环境污染等化学、物理因素,所引起的植物失常,不能传染,是非传染性病害。引起传染性病害的生物,有真菌、细菌与其他原核生物、病毒和线虫等不同类群。当前草坪发生的病害,绝大多数是由真菌引起的,是真菌性病害。

真菌也叫做"菌物",是有别于动物、植物的另一大生物类群。真菌本身不能进行光合作用,需利用现成的有机营养物质。许多种类的真菌寄生在植物体上,掠夺植物的营养物质而生存繁殖,同时引发了植物病害,被称为"病原菌"。大多数真菌的菌体丝状,称为菌丝,多条菌丝集合为菌丝体,有的还组成坚硬的菌核。菌丝生长发育到一定阶段后产生繁殖器官,即繁殖体。真菌主要依靠多种孢子来繁殖,孢子相当于高等植物的种子。有些孢子是无性繁殖体,例如分生孢子、夏孢子、冬孢子、厚垣孢子等。有的则是经两性结合而产生的有性孢子,例如卵孢子、子囊孢子、担子孢子等。真菌种类很多,引起的病害也复杂多样。有的病害发生在植物全身各个器官,这是整株性病害。有的则只发生在特定器官,例如根部和茎部发生的腐烂性病害,叶部发生的斑点性病害等。

2. 病害的症状

植物受到病原生物侵染后,体内发生一系列生理病变和组织病变,导致其外部形态的不正常表现。这种外表的不正常表现称为"症状"。症状通常由"病状"和"病征"两类特点所构成,"病状"为植物本身的不正常表现,而"病征"则为病部出现的病原生物营养体和繁殖体。

(1)病状的类型

病状是识别和诊断病害的重要依据。主要有以下类型:

①**变色** 指发病植株整体或局部发生的色泽异常变化。叶片、茎秆等绿色部分变为淡绿色或黄绿色,这称为"褪绿",发黄的称为"黄化"。叶片变为深绿色或浅绿色浓淡相间的称为"花叶"。根部和茎部维管束发病,可导致整株变黄。有些病害发病初期产生"水浸状病斑",这是指病斑中心轻微变色后浸润性地向周围扩展,恰似向手帕上滴下水滴后的变化。根部等非绿色部分,发病后多变为黄色、黄褐色、褐色、紫红色或黑色。茎叶病斑后期也多变为褐色。

②**坏死** 植物的细胞和组织受到破坏而死亡,称为"坏死"。局部组织坏死形成病斑。叶斑是在叶片上形成的局部病斑。病斑的大小、颜色、形状、结构特点和产生部位等特征,都

是识别病害的重要依据。叶枯是指叶片较大范围的坏死,病、健部之间往往没有明晰的界线。禾草叶枯多由叶尖开始,逐渐向叶片基部发展;而雪霉叶枯病,则主要由叶鞘或叶片基部与叶鞘相连处开始枯死。叶柄、茎部、穗轴、穗部和根部等部位也可发生坏死性病斑。

③**腐烂** 植物细胞和组织,被病原生物分解破坏后发生腐烂,按发生腐烂的器官或部位,可分为根腐、根颈腐、茎基腐和叶腐等。含水分较多的柔软组织,受病原生物酶作用,细胞浸解,组织溃散,造成软腐或湿腐。腐烂处水分散失则成为干腐。依腐烂部位的色泽和形态不同,还可区分为黑腐、褐腐、白腐和绵腐等。幼苗的根和茎基部腐烂,导致幼苗直立死亡的,称为"立枯";导致幼苗折断倒伏的,则称为"猝倒"。

④**萎蔫** 植物的根部和茎部的维管束受病菌侵害,水分吸收和输导受阻,发生系统病变,引起整株枯萎。植物迅速萎蔫死亡,而叶片仍维持绿色的,称为"青枯"。此外,许多病害还引起部分枝条、分蘖或叶片的萎蔫。

⑤**畸形** 植物因发生增生性或抑制性病变导致病株畸形,前者有瘿瘤、丛枝、发根、徒长和膨肿等,后者有矮化、皱缩和小叶等。此外,病组织发育不均匀时,还出现卷叶、蕨叶和拐节等病状。

⑥**草地斑** 植物传染性病害,多数经历一个由点片发病到全田发病的流行过程。在草坪上点片分布的发病中心极为醒目,被称为"草地斑",也有人称为"枯草斑"或"秃斑"。草地斑的形态特征是识别草坪病害的重要依据,但仅仅依据这类特征还不能做出结论。

(2)病征的类型

病征表现了病原生物的特点,也是识别病害的重要依据。

常见的类型有：

①**霉状物** 面包片或馒头放置久了，就会生霉腐败，这是人人皆知的生活常识。植物发病后也会生出各种颜色的霉状物，如黑霉、灰霉、青霉和赤霉等。霉状物由病原生物的菌丝体、分生孢子梗和分生孢子构成。霜霉病病株叶片上产生霜霉层，为病原菌的孢囊梗和孢子囊。

②**粉状物** 病原真菌在病部产生各种颜色的粉状物，如白粉、黑粉和红粉等。

③**锈状物** 锈菌在病部产生的黄褐色铁锈状粉末，为锈菌的夏孢子。

④**点状物** 病原真菌在病部产生微小的点状物，有时借助放大镜，才能看得清楚。多数病原菌产生小黑点，这是病原菌的分生孢子器、分生孢子盘、子囊壳或子座等。有的病害小黑点散生，有的则排列成线条状或轮纹状。

⑤**线状物和颗粒状物** 有些病原真菌形成肉眼可辨的线状物，如禾草红丝病病原菌产生的毛发状红丝等。有些则形成大小、形状、颜色不同的颗粒状物，例如核盘菌、丝核菌和白绢病菌产生的菌核等。

⑥**伞状物和其他结构** 指真菌产生的伞状物、马蹄状物和角状物等。例如，草地上常有各种伞状蘑菇生出，为伞菌的子实体。有时许多蘑菇圆圈状排列，称为"蘑菇圈"（仙人圈）。

3. 病害的识别方法

在发病草坪现场，以肉眼并借助手持放大镜仔细观察病株症状，综合考虑发病特点和环境因素的影响，对照文献资料，可以识别常见病害。

现场诊断时，需首先判明草坪表现的异常情况，是属传染性病害,还是属非传染性病害,或者只是受到机械创伤。

传染性病害,有明显的传染现象,经历一个发病区域由点到面,发病植株由少到多的发展过程。有与病原菌传播方式相关的特点,有明显的症状,特别是在发病部位,可以看到病原菌菌丝体或繁殖体,即病征。非传染性病害,则因与某一管理措施或环境因素相关连而普遍发生,与该因子的影响范围对应分布;没有传染现象,没有发病中心,也没有病征。常见的非传染性病害,有寒害、热害、旱害、盐害、药害、营养要素的缺乏或过剩等。创伤则是机械伤害,如压伤、割伤、踏伤、灼伤和虫伤等。

现场诊断时,应调查、记载病草坪的立地条件和栽培管理措施,如地形、地势、土壤条件、小气候条件、遮荫情况、郁闭程度、草种或品种组合、草坪建植方式、密度、枯草层发育程度,以及有关施肥、灌溉、修剪、病虫防治等方面的状况,同时还要尽可能地了解该草坪的发病历史和前作物的健康状况。这些资料,不仅有助于识别病害,而且也为进一步了解发病规律和设计防治方案提供依据。

现场诊断时,要特别注意观察病株的分布特点,了解病株是散生还是聚生、是有草地斑还是没有草地斑的问题。若有草地斑,则需进一步检查其位置、形态特点和斑内外植株的差别。要用放大镜仔细观察病株地上部和地下部的器官,确定发病部位,全面记载病状和病征。

若发现全株茎叶萎蔫或枯死,则应检查根部、根颈部是否变色、腐烂,有无病斑,有无瘤状物,发病部位有无菌丝体、菌核、霉状物、小黑粒点等病征。还要剖开茎基部,观察维管束是否变黑或变褐。

若发现叶片、叶柄、叶鞘或茎部有明显病斑,则有可能为斑点性病害。此时要注意观察病斑的大小、色泽、形状和结构特点;检查病斑中心有无破裂和穿孔;考察病斑发生的部位,是否由叶尖、叶缘发生,多个病斑是否汇合成为大斑,并引起叶枯或早期落叶。要用放大镜仔细检查病斑上出现何种病征。

不同病害的病斑,大小相差很大,有的不足 1 毫米;有的长达数厘米,较小的病斑扩展后可汇合连结成较大的病斑。按颜色区分,则有黑斑、褐斑、黄斑、灰斑和白斑等。病斑的形状,有圆形、近圆形、椭圆形、长圆形、卵形、梭形(纺锤形)、条形、云纹形和不规则形等。有的病斑扩大受叶脉限制,形成角斑,有的沿叶脉发展,形成条纹或条斑。

要特别注意观察病斑的结构特点,即病斑上是否有一圈一圈的同心轮纹,有无二层或多层深浅交替的环带。病斑周围有无变色的晕圈,病斑与健康组织之间有无清晰的界线。许多病原真菌侵染禾草引起的叶斑中心淡褐色,边缘深褐色,外围为宽窄不等的枯黄色晕圈。

若发现腐烂性病变,应确定腐烂的器官是根、根颈或根状茎,还是匍匐茎、茎或其他器官,并观察腐烂是由表面向内部发展,还是发生在器官内部,是由伤口开始发生,还是由导管开始发生。仔细检查腐烂部位的特点,包括腐烂部位是水湿抑或干燥,有无黏液,有无酒精味、芳香味或恶臭,腐烂部位的颜色,腐烂的深度,腐烂部分的质地坚实或软化,是否呈木栓状或海绵状。用放大镜仔细检查腐烂部分产生的病征类型与特点。

若出现整株矮化、萎缩、节间缩短、茎叶丛生、畸形,以及叶片变色、花叶等症状,且无任何病征表现,则可能为病毒病害。在真菌病害中,条黑粉病菌和秆黑粉病菌引起茎叶扭曲畸形,霜霉病病株表现增生、丛枝和畸形等特点,但都产生病征。

若发现了新病害、疑难病害,或者多种病原菌复合侵染,诱生复杂症状时,单凭症状难以识别病害,则需采集标本,请专家进行病原生物鉴定。

(二)害虫的识别

草坪害虫除指有害昆虫外,习惯上还包括有害螨类和软体动物。他们取食和污损草坪植物,造成根、茎、叶缺损,变色,畸形或腐烂,降低草坪功能和观赏价值。害虫严重发生时,甚至可将整块草坪上的植物吃光。

昆虫是节肢动物门昆虫纲的小型动物。昆虫一生中形态有明显变化。有些昆虫一生有卵、幼虫、蛹和成虫等四个虫期,这类昆虫称为"完全变态昆虫"。有些则只有卵、若虫、成虫等三个虫期,这是"不完全变态昆虫"。

成虫虫体分为头、胸、腹三个体段(图1)。头部生有口器,

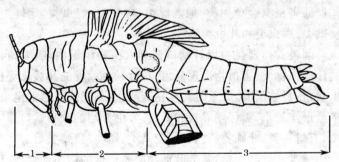

图 1 昆虫体躯结构

1. 头部 2. 胸部 3. 腹部

用于取食,还生有 1 对触角,1 对复眼,0～3 个单眼,这都是感觉器官。胸部有 3 对足(胸足)、1 对或 2 对翅膀。腹部有雌、

雄外生殖器,有些种类还有尾须。胸腔和腹腔内包含消化、排泄、呼吸、循环、分泌、神经、生殖等系统的各种器官。

完全变态昆虫的幼虫期,是这类害虫的主要危害时期。其幼虫蠕虫状,无翅,但不同种类间足的数目多有不同。多足式幼虫有3对胸足,腹部也有2～5对腹足;寡足式幼虫只有3对胸足,无腹足;无足式幼虫既无胸足,也无腹足。不完全变态昆虫幼虫的形态特征和生活习性与成虫相若,故称"若虫"。成虫和若虫都取食为害。

识别害虫的主要依据,是成虫和幼虫虫体的形态特征。蛹、卵的形态多有变化,有时其特征也用于种类识别。

昆虫的口器类型不同,取食方式和危害状也不相同。危害状是识别害虫的重要辅助特征。咀嚼式口器昆虫以蚕食和蛀食为主,使植物叶、茎、根等器官出现缺刻或孔洞,甚至全部被吃掉。取食叶片的害虫,有的将叶肉蚕食殆尽,只残留网状叶脉;有的则蛀食叶肉,造成不同形式的隧道。本书介绍的咀嚼式口器害虫有金龟甲类、地老虎类、蝼蛄类、蝗虫类、蟋蟀类、夜蛾类、螟虫类和叶甲类等。

刺吸式口器昆虫以针状口器刺入植物组织内,吸取植物的汁液为食。被害植物出现变色、花叶、皱缩、卷曲和矮化等被害状,长势被削弱,严重时甚至枯萎死亡。刺吸式口器的昆虫,多数形体较小,需仔细寻找和观察。本书介绍的刺吸式口器害虫,有蚜虫类、叶蝉类、飞虱类、蓟马类、蝽类、盲蝽类等。

螨类又称红蜘蛛,是节肢动物门蛛形纲的微小动物。螨体的头、胸、腹愈合在一起,不易区分,无触角,无翅膀,有足4对(少数种类仅有2对)。螨的发育过程经历卵、幼螨(有足3对)、若螨和成螨等阶段。危害植物的螨类绝大多数有刺吸式口器,其危害状与刺吸式昆虫相似。

危害植物的常见软体动物有蜗牛和蛞蝓,皆属软体动物门腹足纲。

二、禾本科草病害及其防治

(一)锈 病

锈病是分布最普遍、危害最严重的一类草坪病害。因在病株上生成锈菌的黄褐色夏孢子堆,散出铁锈状夏孢子而得名。各种草坪禾草都发生锈病,有些禾草还发生多种锈病。侵染禾本科植物的锈菌多达几千种,重要的也有10余种。草地早熟禾、多年生黑麦草、高羊茅和结缕草发生锈病最重,病株光合作用削弱,水分大量散失,生育不良,大批叶片变黄枯死。感染锈病后,植株的抗逆性和对其他病害的抗病性也都显著降低,易于越冬死亡。

【症状识别】 植株感染锈病后,叶片和叶鞘上初生褪绿的或淡黄色的微小斑点,几天后变为略突起的黄色至红褐色疱斑,在叶表皮下发育。成熟后,覆盖疱斑的叶表皮破裂,散出铁锈色粉末状的夏孢子。这种疱斑就是锈菌的夏孢子堆(彩照1)。秋冬季在发病部位还形成另一种黑色的疱斑,称为"冬孢子堆",内藏黑色冬孢子(彩照2)。根据夏孢子堆与冬孢子堆的特点,可以区分几种主要的锈病。

1. 秆锈病 夏孢子堆大,黄褐色,长椭圆形至长方形,隆起较高,不规则散生,可相互愈合(彩照1,6)。覆盖孢子堆的寄主表皮大片破裂,常向两侧翻卷。冬孢子堆也较大,长椭圆形至狭长形,黑色,无规则散生,表皮破裂,卷起。

2. 叶锈病和冠锈病　夏孢子堆多生于叶片正面,较大,橘黄色或橘红色,圆形至长椭圆形,不规则散生(彩照4,5)。覆盖孢子堆的寄主表皮均匀开裂。冬孢子堆较小,圆形至长椭圆形,黑色,散生,表皮不破裂。

3. 条锈病　夏孢子堆较小,鲜黄色,长椭圆形。在成株叶片上沿叶脉排列成行,"虚线"状(彩照3)。在幼苗叶片上,以侵入点为中心,形成多重同心环。覆盖孢子堆的表皮开裂不明显。冬孢子堆小,狭长形,黑色,成行排列,覆盖孢子堆的表皮不破裂。

各种锈病发病初期,草坪上散生单片病叶,或少数病叶组成小型传病中心。锈菌繁殖能力和传染能力强,病株迅速增多,短期内大片坪草发病变黄。染病叶片或茎秆因病枯死,坪草稀薄衰弱。

依据叶片和叶鞘上产生的特征性夏孢子堆,不难识别锈病。有经验的草坪管护人员,甚至可以凭借草地衰弱变黄情况,找出罹病坪草。但若要区分几种主要锈病,则需手持放大镜,仔细比较孢子堆的大小、形状、颜色、排列特点和表皮开裂情况。

【病原菌】　多为柄锈菌属真菌,发生普遍而重要的种类有以下几种:

1. 禾柄锈菌 *Puccinia graminis* Pers.　俗称秆锈病菌,引起秆锈病。侵染多种禾草,根据寄主范围不同,划分为早熟禾专化型、翦股颖专化型、猫尾草专化型、雀麦专化型、黑麦草专化型和鸭茅专化型等,各有其寄主范围。

2. 隐匿柄锈菌 *Puccinia recondita* Rob. Ex Desmo　俗称叶锈病菌,引起叶锈病。也分为多个专化型,侵染不同禾草。

3. 条形柄锈菌 *Puccinia striiformis* West. 俗称条锈病菌,引起条锈病。有多个专化型。我国西北地区还发现了赖草专化型和披碱草专化型等新类型。

4. 禾冠柄锈菌 *Puccinia coronata* Cda. 俗称冠锈病菌,引起冠锈病。严重危害黑麦草、高羊茅和苇状羊茅等。

此外,引起狗牙根锈病的狗牙根柄锈菌 *Puccinia cynodontis* Lacr. ex Desm. ,引起结缕草锈病的结缕草柄锈菌 *Puccinia zoysiae* Diet. 也较常见。

锈菌是专性寄生菌,只能在生活的植物上存活,病株死亡后或脱离植物后,锈菌也很快死亡。在自然条件下,锈菌有非常复杂的生活史,需在两种植物上交替寄生,产生五种不同的孢子。通常在禾草上产生夏孢子和冬孢子。冬孢子萌发产生担子孢子,担子孢子萌发后侵染另一种寄主,相继产生性孢子和锈孢子。但是,在栽培条件下,锈菌的生活史又异常简单,仅靠夏孢子无性繁殖,反复侵染禾草而存活下去。其他类型的孢子,或者不起作用,或者不产生。锈菌群体有明显的生理分化,由形态特征相同,但致病性不同的类群构成,这些类群被称为"小种"。每个小种只能侵染某些禾草品种,而不能侵染其他品种。同样,禾草的抗病品种只能抵抗某个或某几个特定的小种,而不能抵抗其他小种。

【发病规律】 各种锈菌以夏孢子通过不断侵染小麦的方式,完成周年循环。在一个生长季中,可以连续发生十几代。在南方暖湿地区,锈病可全年发生,冬季仍然发生侵染。在北方,锈菌冬季以菌丝体潜伏在禾草病叶中越冬,只要禾草不枯死,锈菌就可以残存下去。第二年春季,气温回升后,随着禾草返青,锈菌也复苏,恢复活动,产生夏孢子。夏孢子随气流或雨滴飞溅而传播,接触并侵入邻近植株,经过几天的潜育期后,出现夏孢子堆,产生新一代夏孢子。锈菌的繁殖能力很强。一张病叶上有几十乃至几百个孢子堆,一个孢子堆可产生几万个孢子。在适宜条件下,锈菌半个月就可完成一次循环,很快使整个草坪发病。春季是锈病的发病高峰期。夏季炎热时节,禾草生长停滞或进入休眠,锈菌也停止活动而越夏。秋季禾草生长繁茂,是锈菌的另一个发病高峰期。

锈病是气传病害,夏孢子可以随气流(风)传播,最远的可传播到几百公里乃至上千公里以外。在冬季严寒,禾草枯死,锈菌不能越冬的地区,春季锈菌菌源,就可能来自南方。而夏季气温过高,锈菌不能越夏的地区,造成秋季发病的菌源,就可能来自北方。

气温适中、高湿多雨的气候,适于锈病流行。条锈病菌较喜冷凉,秆锈病菌适温稍高,叶锈病菌的温度要求则较宽。例如,夏孢子萌发和侵入的适温,条锈病菌为 $7\,℃\sim10\,℃$,叶病菌为 $15\,℃\sim25\,℃$,秆锈病菌为 $18\,℃\sim22\,℃$。禾草叶片表面持续保持数小时的湿润状态,是夏孢子萌发和侵入的必要条件。因而阴湿多雨,空气湿度高,昼夜温差大,易生重露的地区发病重。在锈病发生时期,降雨日数多,降雨量大,往往造成锈病大流行。

栽培感病草种或品种,是锈病发生的主要诱因,但草坪栽培管理情况也与发病轻重有密切关系。草坪密度高,遮荫,灌水过多,排水不畅,低洼积水等,都可使小气候湿度过高,发病重。偏施氮肥,禾草旺长,或者施肥不足,干旱,禾草生育不良,抗病性降低,都有利于锈病发生。刈割不及时,草地存留菌量大,锈病发展加快。运动场草坪,因为管理不良和土壤坚实,往往发病较重。

【防治方法】

1. 使用抗病品种　要根据锈病种类和小种类型,选择草种和品种。建植不同草种的混播草坪或几个抗病品种构成的混合草坪,是最重要的锈病防治方法。

我国国内现用的草坪禾草品种多来自国外。国外已有许多抗锈品种,可以引用。例如,草地早熟禾对一种或多种锈病中度至高度抗病的品种有:A-34（Bensun）,Adelphi,Admiral,America,Apart,Aguila,Argyle,Aspen,Banff,Bayside,Bonnieblue,Bono,Brunswick,Challenger,Charlotte,Classic,Columbia,Enoble,Escort,Georgetown,Geronimo,Glade,Haga,Harmony,Holiday,Majestic,Merit,Midnight,Mona,Monopoly,Nassau,Nugget,Parade,Piedmont,Plush,Ram I,Rugby,Sydsport,Trenton,Wabash 和 Welcome 等。抗锈病的多年生黑麦草品种有:Acclaim,All Star,Birdie II,Blazer,Blazer II,Cigil,Citation,Crown,Delray,Elka,Gator,Loretta,Manhattan II,Omego II,Ovation,Palmer,Pennant,Pippin,Prelude,Premier,Ranger,Repell,Tara 和 Yorktown II 等。高羊茅抵抗冠锈病的品种有:Adventure,Apache,Falcon,Jaguar,Mustang 和 Olympic 等。

选择利用抗病品种时,有两点重要注意事项:第一,选用品种必须要有针对性。禾草的抗病品种通常只能抵抗某种锈菌的某个或某几个特定的小种,而不能抵抗其他锈菌或其他小种。由于各地锈菌种类和小种类型不同,在甲地表现抗病的品种,在乙地就可能不抗病。因而必须根据本地锈菌种类和小种类型选用抗病品种。若不了解当地锈菌区系,可先进行抗病性鉴定或少量试种。第二,不能因使用抗病品种而放松草坪的培育管理。抗病品种并非完全不得病,仍需采取防病管护措施,培育健壮坪草,创造不利于锈病发生的生态环境。

2. 栽培防病 增施磷、钾肥,适量施用氮肥。合理灌水,防止草坪干旱或过湿。避免傍晚或夜间灌水,以减少叶面结露。初发病时宜适度施氮灌水,以提高禾草生活力和抗病性。适时剪草,减少发病茎叶,减少菌源数量。

3. 药剂防治 锈病常发地区应进行规范的药剂防治。可供选择的药剂有三唑酮、丙环唑、三唑醇、百菌清、代森锰锌等。三唑酮等三唑类内吸杀菌剂,对禾草有很好的保护作用和治疗作用,且持效期很长。一般在锈病始发期开始喷药,以后用不同药剂,间隔 1～3 周后再次喷药,连续防治 2～3 次。喷药前仔细阅读农药说明书,严格遵照执行。

(二)白 粉 病

白粉病,为禾草常见病害,各地发病轻重不一。在草坪禾草中,以早熟禾、细羊茅和狗牙根发生较重。品种感病,环境郁闭,光照不足时易于发病。罹病坪草发育不良,早衰,景观被破坏。

【症状识别】 叶片和叶鞘上初现长度为 1 毫米左右的白色小霉点,逐渐扩大为近圆形、椭圆形的霉斑。颜色由白色渐变为污灰色或灰褐色。霉斑表面有一层白粉,受振动后飘散,这就是病原菌的分生孢子。后期霉层中生出黑色小粒点,即病原菌闭囊壳(彩照 7)。

白粉病易于识别。病叶两面形成白色至灰白色突起的霉斑,严重时叶面为霉层覆盖。用放大镜可清晰地看到白色粉状物,但霉层中的黑色小粒点不常见。

【病原菌】 为一种白粉菌,称为禾布氏白粉菌 *Blumeria graminis* (DC.) Golov. ,其无性繁殖体为分生孢子,有性繁殖体是闭囊壳。闭囊壳是子囊壳的一种类型,壳内生成子囊孢子。分生孢子和子囊孢子都能侵染植物。该菌专性寄生,可侵染 545 种禾本科植物,但不同寄主植物上的菌株多不能交叉传染。

【发病规律】 白粉病菌主要以菌丝体和闭囊壳在病株上越冬,也能以闭囊壳在病残体中越冬。一年生禾草较易产生闭囊壳,多年生禾草上则以菌丝体越冬为主,较少生成闭囊壳。春季闭囊壳散射出子囊孢子,越冬菌丝体也产生分生孢子,都随风传播,接触并侵入禾草叶片,引起发病。病叶又产生分生孢子,如此反复,不断再侵染。南方栽植的冷季型禾草,在夏季生长停滞,白粉病也停止发展,病原菌以菌丝体在病株上越夏。秋季随着气温下降,白粉病菌又复侵染,病叶增多。病叶衰老前,出现病原菌闭囊壳。

白粉病菌的分生孢子,可以随气流远距离传播。在冬季白粉病菌不能越冬的地方,以及夏季温度太高,白粉病菌不能越夏的地方,春秋两季发病的菌源可能来自异地。另外,禾布氏白粉菌还侵染麦类作物和野草,引起严重的白粉病。白粉病菌也可能由农作物和杂草向草坪转移。

环境温湿度与白粉病发生有密切关系。气温在 2℃上下时,禾草就可发病,10℃以下病情发展缓慢,15℃~20℃为发病适温,25℃以上病害发展受到抑制。空气相对湿度高,有利于分生孢子萌发和侵入,但雨水太多,湿度过高,又不利于分生孢子的形成和传播。南方春季降雨多,不利于白粉病的发生和流行。北方常年春季干旱,但若春季降雨稍多且分布均匀,白粉病就可能严重发生。

草坪遮荫,密度过高,通风透光较差,管理不善,氮肥施用过多和灌溉不当等,都是白粉病发生的重要诱因。

【防治方法】

1. 使用抗病品种 抗病品种叶片上仅产生枯死斑点或微小霉斑,霉斑上菌丝层薄,孢子少,据此可与感病品种相区分。

2. 栽培防病 平衡施肥,合理排灌;降低种植密度,减少草坪周围灌木与乔木的遮荫,以促进通风,散湿增光;适度灌水,避免草坪干旱;对病草提前剪草,以减少再侵染的菌源。

3. 药剂防治 在春季、晚夏和秋季,各喷施1～2次杀菌剂。可供选用的杀菌剂有三唑酮、三唑醇、烯唑醇、氯苯嘧啶醇(乐比耕)和丙环唑等。

(三)叶黑粉病

危害禾草的大多数黑粉病菌,主要危害花序,称为"黑穗病";少数种类危害叶片和叶鞘,称为"叶黑粉病"。草坪上常见的叶黑粉病,有条形黑粉病、秆黑粉病和疱黑粉病等。叶黑粉病危害草地早熟禾和翦股颖最严重,细叶羊茅和黑麦草也有发生。病株生长缓慢,病叶失水枯死,坪草早衰。由于病株生长衰弱,其抗逆性和对其他病害的抵抗性也显著降低。

【症状识别】

1. 条形黑粉病 病株叶片和叶鞘上生成与叶脉平行的长条形病斑,略隆起,最初为黄色,渐变为灰色和黑色。条斑可纵贯整个叶片。此种条斑是病原菌的冬孢子堆,成熟后破裂,散出黑褐色粉末状冬孢子(彩照8,9)。病叶由叶尖向下方卷曲,破裂、褐变,以至枯死。病株发黄,矮小。在春季和秋季,病株症状最明显。夏季高温干燥时,病株不产生新叶片,已有的病叶卷曲干枯,隐没于草丛中,不易发现。

禾草发病未久的草坪,病株分散,单生。随着病株的增多,草地上出现植株稀疏的黄绿色草地斑,直径多在10~30厘米,形状不规则。有的草坪,其禾草大部发病而全面变黄,粗略看去,易误认成缺氮或缺铁的症状。剪草时,留茬高度较低的翦股颖,因残留病斑小而少,难以发现病株,有时仅靠病株的色泽变化和生长不良来识别。

2. 秆黑粉病 症状与条形黑粉病相似。

3. 疱黑粉病 病叶背面生有黑色椭圆形疱斑,即病原菌的冬孢子堆,埋生于叶表皮下。其长度一般不超过2毫米,周围多褪绿。病情严重时,整个病叶褪绿,黄白色。

条形黑粉病与秆黑粉病的病叶,生有条形黑色病斑,疱黑粉病的病叶生黑色椭圆形病斑,内有黑褐色粉末状物。据此,可以确认叶黑粉病。

【病原菌】

1. 条形黑粉病病原菌 病原菌为条形黑粉菌 *Ustilago striiformis*(West.)Niess.冬孢子为球形、椭球形,褐色,表面有细刺。该菌可寄生26个属的禾本科植物,但有明显的生理分化。寄生于不同植物上的病菌,致病性不同,据此划分为不同的专化型。现有早熟禾专化型、翦股颖专化型、鸭茅专化型、绒毛草专化型、大麦专化型和梯牧草专化型等。

2. 秆黑粉病病原菌 病原菌为冰草条黑粉菌 *Urocystis agropyri*(Preuss)Schroter。冬孢子多构成球形或椭球形冬孢子团,其中心有1~5个冬孢子,周边围绕多个无色不孕细胞。单个冬孢子近球形,表面光滑。该菌寄生于18个属的禾草以及小麦等农作物,有明显的致病性分化。

3. 疱黑粉病病原菌 病原菌为鸭茅叶黑粉菌 *Entyloma*

dactylidis (Pass) Cif.。冬孢子近球形,褐色,表面光滑,成熟后仍埋生于疱斑的叶表皮下。

【发病规律】 条形黑粉病病原菌和秆黑粉病病原菌,主要靠附着在种子表面和散落在土壤中的冬孢子传染。冬孢子在土壤中可以长期存活。病原菌由禾草的胚芽鞘侵入。侵入后,菌丝在植株体内发展,蔓延到生长点附近,随着植株的生长发育,而扩展到各个器官,造成系统发病。

在已建成的草坪上,植株可持续保持侵染发病状态,直至死亡。病株在枯死之前,可以产生数百万个孢子。孢子又散落在地面,污染枯草层和土壤。条件适宜时,枯草层和土壤中的冬孢子萌发,经由健株的根状茎、匍匐茎和根颈等处的芽侵入,不断产生新的病株。

条形黑粉病菌和秆黑粉菌的休眠菌丝体,潜伏在病株根颈和节部越冬或越夏。冬孢子则在草地的枯草层和土壤中越冬或越夏。冬孢子在枯草层中可以存活 3～4 年或更长时间。带菌种子、已被侵染的无性繁殖材料,以及气流、雨水、灌溉水、操作者的鞋衣和农机具等,都可将病原菌的冬孢子传播到未发病的草地。

影响条形黑粉病和秆黑粉病发生的因素很多。一般说来,有利于禾草种子萌发的条件,也有利于病原菌冬孢子的萌发和侵入。禾草种子萌发和出苗期间,地温为 10℃～20℃,而土壤含水量又较低时,条形黑粉病菌和秆黑粉病菌侵染较多。能促进种子迅速萌发,使之顺利出苗的因素,都能减少发病数量。土壤粘重、瘠薄、pH 值低于 6,枯草层厚的草坪,发病重。由于病菌积累,建植 3 年以上的草坪,病害多发。气温持续高于 32 ℃,就抑制了症状发展,但造成病株多数死亡。禾草品种间抗病性不同。大面积栽培感病品种,常是条形黑粉病和秆黑粉病大发生的主要原因。例如,北美早年推广使用的草地早熟禾品种 Merion,高度感染条形黑粉病,导致该病异常发生。

疱黑粉病是局部侵染叶片的病害。病原菌冬孢子萌发产生的担子孢子,通过气流、飞溅雨滴、人畜和工具传播,由叶片侵入,在春、秋两季发生较重。

【防治方法】

1. 栽培抗病草种和品种　国外已经选育出许多抗叶黑粉病的品种。例如,草地早熟禾的 Adelphi, Birka, Bonnieblue, Glade, Ram I, Sydsport, Touchdown 等品种,抗条形黑粉病。但是,由于病原菌有多数小种,所谓抗病品种只能抵抗某个或某些小种,小种改变了,也就丧失了抗病性。此外,由于各地小种可能不同,即使引进抗病品种,也必须进行抗病性鉴定。叶黑粉菌易于产生新小种,最好混合播种多个抗病品种。这样,即使有的品种丧失了抗病性,禾草群体还能维持一定的抗病水平。

2. 使用无病的种子与无性繁殖材料　制种地应保持无病。不从严重发病地区引种。若种子来源不明,应进行种子带菌检验。不从发病草地切割草皮卷作移植用,不使用来源于发病草地的无性繁殖材料。

3. 加强草地管理　平衡使用氮、磷、钾肥料,避免缺肥和干旱。天气炎热时适当灌水。枯草层不宜厚于 1.5 厘米。在发病草坪剪草时,须将剪下物移出草地。

4. 药剂防治　喷布内吸杀菌剂,可供选用的药剂,有苯菌灵、甲基硫菌灵、氯苯嘧啶醇(乐比耕)、丙环唑(敌力脱)和三唑酮(粉锈宁)等。苯菌灵尤其适用于家庭草坪。通常在春秋两季喷药。

(四)离蠕孢根腐病和叶斑病

离蠕孢属真菌常危害多种禾草,产生叶斑、叶枯、根腐和颈腐等一系列症状。这类病害也可以按照主要症状而分别命名,称为根腐病或叶斑病,也可以统称为"离蠕孢综合症"。

【症状识别】 离蠕孢属病菌,主要危害早熟禾、黑麦草、细叶羊茅和高羊茅等冷季型禾草,依生育阶段不同,分别导致根腐病和叶斑病。

1. 根腐病 幼苗和成株都可发生。发病后,幼芽、幼苗的下胚轴、种子根变褐腐烂,严重时幼芽溃烂死亡,不能出土,出土的幼苗也因根部腐烂而陆续死亡。成株根部、根颈部和茎基部变黑褐色腐烂,多引起分蘖死亡,严重时整株枯死(彩照10,11)。

2. 叶斑病 在叶片和叶鞘上生成病斑,导致叶枯。草地早熟禾和羊茅患此病后,叶片初生暗紫色至黑色小斑点,后变成长圆形或卵圆形病斑,病斑中部枯黄色,边缘暗褐色至暗紫色,外缘有黄色晕。病斑充分扩展后,长度可达 0.5~1.2 厘米,宽度为 0.1~0.2 厘米。几个病斑可相互汇合,病叶变黄或变褐,由叶尖向基部坏死。高湿时,病斑表面有黑色霉状物(彩照12)。天气适宜时,病情发展很快,病叶枯死。发病草坪稀薄,出现形状不规则的黄褐色草地斑(彩照13)。

翦股颖患叶斑病后,叶片初生黄色小斑,后扩展成为卵圆形或不规则形水浸状斑块。有的病株叶片黄化,很快枯死。草地趋于稀薄,草地斑边缘明显,暗黑色,斑内病叶片水浸状。

狗牙根患叶斑病后,病叶生不规则形状的病斑,深褐色至黑色,严重时病叶大量枯死,呈枯黄色。草坪上出现形状不规则的草地斑,草地斑长径在 5 厘米到 1 米不等。

【病原菌】　在离蠕孢属真菌中,引致根腐病和叶斑、叶枯病的种类很多,最重要的为禾草离蠕孢 *Bipolaris sorokiniana* (Sacc.) Shoem.。该菌寄主范围很广,是农林植物的重要病原菌。引起狗牙根发病的还有狗牙根离蠕孢 *Bipolaris cynodontis* (Marignoni) Shoem.,也较常见。

【发病规律】　初侵染菌源来自带菌种子以及土壤和枯草层中的病残体。在已建成的草坪,禾草地下部分发病,病原菌通过病、健根接触和菌丝生长,保持持续侵染,多年流行。茎叶部发病主要是由气流和雨水传播的分生孢子再侵染引起的。

禾草离蠕孢侵染冷季型禾草,引起根腐病和叶枯病,在整个生长季节中,这两种症状类型因温度变化而有所消长。雨露多,气温适宜,有利于叶枯病发生。在 20℃～35℃之间,随着温度的升高而病情加重。20℃上下只发生叶斑,23℃～24℃及以上时,病叶轻度枯萎,29℃～30℃时,发生严重的叶枯。高温高湿时,根腐病严重发生。根与根颈腐烂严重的植株,还易遭受高温和干旱胁迫而死亡。在长期干旱后,遭受大雨或大水漫灌,以及久雨后突然转晴,温度升高等,都使根腐病严重发生。在冬季和早春禾草根部受冻后,常诱发根腐病。禾草根部被地下害虫咬食,伤口多,根腐病也发生重。

对于其他离蠕孢属病原菌侵染引起的叶斑和叶枯病,适温为 15℃～18℃,27℃以上发病受抑制,因而春秋两季发病较重。狗牙根、结缕草、雀稗等暖季型禾草发生的叶斑、叶枯病,多在凉爽多湿的秋、春季流行。

草坪肥水管理不良,偏施氮肥,高湿郁闭,以及枯草层厚、病残体多,都有利于发病。

【防治方法】 防治离蠕孢根腐病和叶枯病,应以栽培抗病品种和改进草坪管护为主,药剂防治为辅,采用综合措施。

1. 采用防病管护措施 使用无病种子和无病无性繁殖材料。加强苗期管理,减少幼芽、幼苗发病。进行氮、磷、钾平衡施肥,保持合理的氮素水平,不要偏氮。偏氮会使禾草旺而不壮,抗病性降低。适期剪草,根据禾草生长快慢,调节剪草时间和留茬高度。不要使草坪过湿或过干。根据降雨情况,确定灌溉次数和灌水量。避免大水漫灌和草坪积水。不要在傍晚和夜间灌水。若枯草层厚度超过 1.3 厘米,可考虑在初春或初秋采取清理措施。

2. 使用抗病或轻病品种 对离蠕孢叶斑、叶枯病抗病的现有品种不多,应尽量选用。在缺乏抗病品种时,可利用发病较轻的品种或耐病品种。后者虽然发病,但较少造成病株枯死,损失较小。同一个品种在不同草地表现的抗病程度不同,这是因为各地施肥水平和立地条件不同所造成的。各地草坪离蠕孢病原菌种类不一定相同,因而应在了解病原菌确切种类的基础上引种。

3. 药剂防治 发病初期喷施杀菌剂,控制病情发展。喷药量和喷药次数,可根据药剂特点、草种、草高、密度、天气和发病情况不同,参考农药说明书,由试验或试用确定。可供选用的药剂,有丙环唑、百菌清、扑海因、甲基硫菌灵、乙烯菌核利、代森锰锌和三唑酮等。

(五)德氏霉叶枯病

德氏霉属真菌,寄生于多种禾草,主要引起叶斑和叶枯,但也危害芽苗、根系、根状茎和根颈等部位,造成苗枯、根腐和茎基腐等复杂症状。寄生禾草的德氏霉种类较多，各个种的寄主范围不尽相同。有的仅寄生某一属的禾草，有的寄主范围虽较广泛，但多以危害某一属的禾草为主。通常以主要寄主确定病害名称。德氏霉与上一节介绍的离蠕孢都是半知菌，以前都归属于长蠕孢属。由于某些形态特征不同，后来分开，各自成为单独的属。但是，它们引起的病害症状、发生规律和防治方法大体一致，可以互相参照。

【**症状与病原菌**】　德氏霉引起的叶枯病主要有以下六种：

1.早熟禾德氏霉叶枯病　草地早熟禾感染此病后，叶片和叶鞘上初生水浸状椭圆形小病斑，后病斑变为褐色，周围变为黄色。病斑扩大后成为长梭形或长条形，与叶脉平行，长4～10毫米。病斑中部为褐色或枯白色，边缘暗褐色至紫黑色，周围有黄色晕圈（彩照14）。多个病斑汇合后形成较大坏死斑块，造成叶片或整个分蘖变黄枯死。潮湿时病斑上生黑色霉状物。叶鞘发病也使相连的叶片变黄枯萎。发病严重时，大量死叶、死蘖，坪草变稀薄。根据这一特点，国外有人把该病称为"早熟禾消融病"。病原菌还侵染根、根颈和茎基部，使之变褐腐烂，导致叶片褪绿和枯萎。氮素水平较低的草坪在坪草患病后变为黄色，氮素水平较高的草坪则呈暗褐色。

本病出现叶斑、叶枯和根腐等不同症状类型，与离蠕孢侵染引起的症状很相似。

病原菌为早熟禾德氏霉 *Drechslera poae*（Baudys）Shoem.，寄生于早熟禾属、马唐属、画眉草属以及其他属的禾草。

2.黑麦草网斑病　草株中下部叶片发病多。叶片上病斑初为黑色小斑点，长度仅为 0.5～1.5 毫米，以后发展成为黑褐色网状斑纹,由几条纵纹和横纹构成(彩照 15)。后期病斑汇合为深褐色斑块,病叶由叶尖向叶基枯死,形成黄褐色草地斑。

病原菌为 *Drechslera andersenii* Lam.,寄生于黑麦草。

3. 黑麦草大斑病　植株病叶上有两种类型的病斑。有的品种仅生卵圆形褐色小病斑,长 1～2 毫米,以后病斑中部变为浅褐色至灰白色,边缘深褐色。另有一些品种叶片上产生纵行的褐色条斑,长可达 17～45 毫米,宽 10～20 毫米,病叶变黄枯萎。坪草发病后,草苗稀薄,形成枯黄色草地斑。

病原菌为 *Drechslera siccans* (Drechsler) Shoem.,寄主广泛,包括黑麦草、早熟禾、梯牧草、羊茅、鸭茅以及其他多种禾草,也侵染麦类作物。

4. 翦股颖赤斑病　发病叶片上产生卵圆形、椭圆形或长条形红褐色病斑,扩大后病斑中部为枯黄色。病斑可相互汇合,叶片枯萎死亡(彩照 16)。坪草患病后,草坪有红褐色草地斑,外观与遭受干旱胁迫后的表现相似。

病原菌为 *Drechslera erythrospila* (Drechsler)Shoem.。

5. 狗牙根环斑病　染病叶片上初生褐色小病斑,扩大后近圆形、椭圆形或长条形,病斑中部为枯黄色、灰白色,边缘暗褐色。病斑的迅速扩大,往往导致浅色与暗褐色的病组织交错,形成环纹。病叶干枯死亡,坪草稀薄。

病原菌为 *Drechslera gigantea* (Heald & Wolf) Ito,寄生于狗牙根、冰草、雀麦、早熟禾以及其他多种禾草。

6. 羊茅网斑病　染病细叶羊茅叶片上出现不规则形褐色小斑,病斑迅速扩大,切断寄主细小的叶片,使之变黄,由尖端向基部枯死。坪草患病后,草坪产生直径 2～10 厘米的褐色草地斑。高羊茅叶片上产生褐色网斑,由细而短的横条纹与纵条纹交织而成。严重时,病叶变黄枯死。

羊茅网斑病的病原菌为 *Drechslera dictyoides* (Drechsler) Shoem. ,寄生于羊茅、黑麦草、鸭茅、雀麦、看麦娘以及其他多种禾草。

【发病规律】 初建植的草坪,菌源来自种子和土壤中的病残体。病原菌的菌丝体潜伏在种皮内,分生孢子粘附在颖壳表面。在种子萌发、出苗过程中,胚芽鞘、种子根等部位,都可被来自种子或土壤的病原菌侵染,造成烂芽、烂根和苗腐等症状。病苗产生大量分生孢子,经气流、飞溅的雨滴、农机具、人员和牲畜活动等途径进行传播,接触并侵入植株叶片和叶鞘,发生叶枯病。

在已建成的草坪,病原菌主要以菌丝体在病株体内或枯草层的病残体上,渡过冬季低温期或夏季高温期,环境条件适宜后重新产孢,发生新的侵染。在大多数地区,没有极端的高温和低温,因而草坪可周年发病。

德氏霉叶枯病的发生程度,受天气因素的影响,多在比较凉爽和湿润的季节流行。20℃上下最适于侵染发病。通常有春季和秋季两个发病高峰期。但䅟股颖赤斑病和狗牙根环斑病则主要发生在气温较高的季节,天气冷凉时发病迟缓。降雨多,露日多,结露时间长,空气相对湿度高,则各种叶枯病发生重,反之则轻。

草坪立地条件不良,严重遮荫和郁闭,地势低洼,排水不良等,都造成小环境湿度过高,有利于发病。施肥不合理,氮肥过多,植株柔弱,抗病性降低。草坪管理粗放,剪草不及时,以及枯草层厚,积累枯病叶多等,都有助于病原菌的积累和病害流行。

【防治方法】 参见离蠕孢根腐病和叶枯病防治。

(六)弯孢霉叶枯病

多种弯孢霉属真菌侵染禾草,引起叶斑和叶枯,统称"弯孢霉叶枯病"。这类病害分布广泛,是草坪常见的病害。管理不良,生长衰弱的草地发病较重。

【症状识别】 坪草感染此病后,草苗衰弱、稀薄,草坪上形成形状不规则的草地斑。斑内病草矮小,叶片变为灰白色而枯死。病叶片上产生椭圆形、梭形病斑,长 3～7 毫米,病斑中部灰白色,周边褐色,外缘有黄色晕圈(彩照 17)。早熟禾与羊茅的病叶常由叶尖向叶基褪绿变黄,相继变为褐色或灰白色,皱缩枯死。翦股颖染病后症状相似,但病死叶片多呈枯黄色。在潮湿条件下,弯孢霉叶枯病病斑上生成黑色霉状物,有时也能生出灰白色气生菌丝。此外,弯孢霉叶枯病病原菌还侵染禾草的根颈和叶鞘,造成褐色腐烂,与病叶鞘相连的叶片干枯。

【病原菌】 弯孢霉叶枯病的病原菌,属于半知菌亚门弯孢霉属,寄生禾草的有多种,其中新月弯孢 *Curvularia lunata* (Wakker)Boed. 和不等弯孢 *Curvularia inaequalis* (Shear) Boed. 最常见。

【发病规律】 弯孢霉以菌丝体和分生孢子在禾草病株上越冬,春季大量产孢,随风雨传播。枯草层和土壤中的病残体以及杂草,也带有大量侵染菌源。种子内部和表面都可能带菌传病。病原菌再侵染频繁,春季到秋季持续发生。高温、高湿有利于这种病害的流行。管理不善,生长势较弱的草地,病情发生较重。

【防治方法】 参见离蠕孢根腐病和叶枯病防治。

(七)雪霉叶枯病

雪霉叶枯病,引起各种禾草发生苗腐、叶斑、叶枯、鞘腐和穗腐等复杂的症状,以叶斑和叶枯为主,通称"雪霉叶枯病",较常见。同一种病原菌在冬季长期积雪地区,还引起雪下禾草发生雪腐病,称为"红色雪腐病",不常见。

【症状识别】 病株叶片上的病斑椭圆形,较大,边缘灰褐色,中部污褐色,由于浸润性地向外扩展,故常有不太明显的环纹(彩照18)。有的草种染病后叶斑外缘为橘黄色。高湿时,病斑表面生有砖红色霉状物,边缘有稀薄的白色菌丝层。有时病斑上还生有微细的黑色小粒点,排列成行。病叶鞘变为枯黄色至黄褐色,腐烂,也可生出砖红色霉状物和黑色小粒点。与病叶鞘相连的叶片,也变黄枯死。

病原菌还引起苗腐,出土前后都可烂死。病苗根部、根颈部和基部叶鞘褐变,致使叶片褐腐或变黄枯死。重病幼苗整体水浸状烂死,呈污红色,有时表面生有白色菌丝。成株基部叶鞘和叶片也可腐烂死亡,甚至部分分蘖或整株枯死(彩照19)。

坪草生病后,草坪上初生水浸状污绿色的圆形斑,直径小于5厘米。后变为砖红色、草枯色、暗褐色,以至灰绿色,依条件不同而异,直径可达20厘米,形状不规则。在留草低的草地上迅速扩展时,草地斑大,中心部草株可恢复生长,从而形成环形草地斑,有的外围具有暗绿色或苍白色边缘(彩照20)。高湿时草坪斑上产生大量粉红色或砖红色霉状物,以及白色菌丝体。

本病较易识别,叶片上生有椭圆形较大病斑,高湿时生有砖红色霉状物。叶鞘多发病,引起叶枯。发病幼苗呈污红色。

【病原菌】 为一种子囊菌 *Monographella nivalis* (Schaffn.)Mull.。病斑上的砖红色霉状物,为无性粘分生孢子团,小黑粒点为通过气孔外露的子囊壳。该菌寄主范围广,侵染各种禾草和麦类作物。

【发病规律】 由种子、土壤和病残体带菌引起初侵染。播种后多首先引起胚根鞘和胚芽鞘发病,然后向其他部位扩展。在禾草生长期间,病株产生大量分生孢子和子囊孢子,随风雨传播,不断引起再侵染。另外,病叶表面在高湿条件下生出菌丝体,也可通过与健叶接触而传病。

潮湿多雨和比较凉爽的环境,有利于发病。病原菌在低温下就可以侵染叶片和叶鞘,但以 18℃～22℃为最适宜。一年中有春季和秋季两个发病高峰期。夏季高温,此病的流行受抑制。冬季低温干燥,病原菌主要以菌丝体在病株上越冬。叶鞘和叶片内有潜育菌丝,但不表现症状。冬季积雪或早春草坪遭受冻害,常诱使该病严重发生。

同其他种类的叶枯病一样,草坪立地条件不良,管理不当,造成高氮、多湿、枯草层厚,都可加重雪霉叶枯病的发生。

【防治方法】

1. 使用无病繁殖材料 使用不带菌的种子和未发病的无性繁殖材料。

2. 采用防病管护措施 参照离蠕孢叶枯病的防治方法进行防治。尤应注意避免施用过量氮肥,减低草坪湿度和清理枯草层。

3. 药剂防治 在常发生此病的地块,于春、秋喷施杀菌剂。其有效药剂有多菌灵、苯菌灵、甲基硫菌灵、甲基硫菌灵加代森锰锌和三唑酮等。

(八)币 斑 病

危害翦股颖、紫羊茅、早熟禾、黑麦草、结缕草和狗牙根等多种禾草,破坏草地景观和使用价值,是高尔夫球场上禾草植物的常见病害。在有利于禾草生长的条件下,病草地可以恢复。

【症状识别】 病叶初现水浸状褪绿斑,以后变枯黄色圆形病斑,有深褐色或紫红色的边缘。扩大后病斑长度可达几厘米,宽度与叶片宽度相等。一片病叶上可有一个或几个病斑,有的全叶枯萎。清晨病叶上有露水时,可见绵毛状、蛛丝状白色菌丝体,干燥后消失。

在留草低的高尔夫球场草坪上,出现苍白色或草枯色圆形凹陷的草地斑,直径不超过 5 厘米,似硬币,亦称"币斑"或"银圆斑"。严重发病时,多数小斑汇合成为形状不规则的大型草地斑。在留草较高的绿化草坪上,出现形状不规则的浅黄色草地斑,直径为 15~30 厘米。草地斑汇合后大片草坪枯黄,类似叶枯病或干旱的症状。

病原菌不侵染根部,但某些菌系产生毒素。毒素可传输到根部,根部受毒害后缩短增粗,变褐坏死,根系不能正常吸收养分和水分。

症状因草种、留茬高度和营养水平而有变化。单个叶片上病斑类似离蠕孢叶枯病的病斑,但本病病叶上可见蛛丝状白色菌丝。与周围相邻植株的病叶构成币斑。

【病原菌】 当前认为,病原菌是子囊菌亚门盘菌纲柔膜菌目 *Lanzia* 属与 *Moellerodiscus* 属的一些种类。在自然条件下,病原菌不产生子囊孢子、分生孢子和菌核,但在叶片上产生黑色的子座(一种菌丝组织体)。

【发病规律】 病原菌以休眠菌丝体在病株体内,或以子座在病叶表面,渡过环境条件不利的时期。在春季或初夏的暖湿条件下,由休眠菌丝体或子座长出侵染菌丝,向周围扩展,接触健叶。当叶片表面湿润时,菌丝由气孔和剪草造成的伤口侵入。病菌连病叶残片,随风雨、流水、工具与人畜传播。患病的禾草无性繁殖材料也起传病作用。

病原菌对环境条件的适应性强,从春季到晚秋都可发病。温度 25℃上下,高湿和多雨露有利于病害流行。营养缺乏,低氮、低钾,枯草层厚的草坪,禾草发病重。

【防治方法】

1. 加强草坪管护 保持草坪合理的营养水平,不要缺氮、缺钾。缺氮草坪在禾草出现币斑病后,轻施氮肥,以刺激禾草生长。显症后,特别要防止干旱,但不要在傍晚和夜间灌溉,以免延长叶面结露时间。若有重露,可在清晨人工除去叶片上的露水。在露水消失前,不要进行剪草作业或其他活动。

2. 种植抗病或轻病品种 据国外报道,草地早熟禾的 Adelphi，Bonnieblue，Bristol，Eclipse，Majestic，Parade，Park，Touchdown，Vantage 和 Victa 等品种,对币斑病的抗性表现较好,多年生黑麦草和羊茅也有抗性较好的品种可供选用。

3. 药剂防治 常发生此病的草地,要喷药防治,其有效药剂有:苯菌灵,百菌清,氯苯嘧啶醇,异菌脲(扑海因),代森锰锌,丙环唑,五氯硝基苯,甲基硫菌灵,三唑酮和乙烯菌核利等。在发病始期即行喷药。多次重复使用苯菌灵、甲基硫菌灵一类杀菌剂,会使病原菌产生抗药性,故应交替或轮换使用作用机制不同的药剂。

(九)霜 霉 病

霜霉病危害多种禾草,分布较广,但严重发生的草地较少。

【症状识别】 禾草霜霉病的典型病株矮化萎缩,出现系统发病症状。旗叶和穗部扭曲畸形,颖片小叶状。叶片增厚,叶色淡绿,有黄白色条纹。草坪由于经常修剪,难以看到上述典型症状。发病初期病株稍矮,多蘖,叶片略宽,略厚,一般不褪绿。严重时草坪上出现小型黄色草地斑,直径为 1～10 厘米,翦股颖和羊茅多不超过 3 厘米,黑麦草和早熟禾稍大。每个草地斑实际上是由一簇密生的分蘖构成。分蘖茎黄色,根系不发达。冷凉湿润时,叶片背面生白色霉层。由于发病草坪局部发黄,有的地方也把霜霉病称为"黄色草坪病"。

钝叶草的症状略有不同。病叶片上出现点线状条斑,与叶脉平行,病斑部分表皮略隆起,易误认为病毒病害。潮湿时,病叶上也产生白色霉层。

【病原菌】 病原菌为一种卵菌,称为大孢指疫霉 *Sclerophthora macrospora* (Sacc.) Thirum.。该菌是专性寄生菌,侵染多种禾草以及麦类、水稻、玉米、高粱等农作物,引起霜霉病(疯顶病)。病叶上产生的白色霉层,为病原菌的无性繁殖器官孢囊梗和孢子囊。在病叶组织内,还产生黄色球形的卵孢子(有性孢子)。

【发病规律】 病原菌以土壤或病残体中的卵孢子越冬或越夏。条件适宜时,病原菌由芽鞘等部位侵入禾草,在病株体内系统扩展,引起各部位出现症状。通常不发生再侵染。带有卵孢子的病株残片或土壤,混在种子中,可造成病害的远距离传播。带病无性繁殖材料也可传病。

凉爽多湿,有利于发病。该病在10℃～25℃条件下都可发生,发病适温为15℃～20℃。连绵阴雨和淹水,特别有利于发病。草坪立地条件差,整地质量不好,土壤透气性差,地势低洼,排水不畅和大水漫灌时,发病较多。

【防治方法】 首先要创造不利于发病的环境条件,包括平整土地,防止积水;适时松土,增强土壤通透性,适量灌溉,排涝防渍;避免偏施、过施氮肥等。发现病株后,要及时拔除,并提早进行草坪修剪。禾草常发此病的草地,要喷施甲霜灵、甲霜灵锰锌、乙膦铝或杀毒矾等杀菌剂。

(十)红 丝 病

红丝病是草坪的重要病害,危害各种草坪禾草,在国外分布广泛,国内还没有该病发生的正式报道。

【症状识别】 患病草坪出现圆形或不规则形草地斑,直径为5～50厘米不等。病草水浸状,迅速死亡。枯死叶通常分散夹杂在健叶之间,使草地斑呈现褐色斑驳状,以后变为红褐色。随着病情的发展,多个草地斑可以汇合成为大片枯草区。

病株叶片和叶鞘上出现水浸状病斑,由叶尖向叶基逐渐枯死。在阴雨天气或饱和湿度下,病叶片和叶鞘上覆盖淡红色菌丝体,由叶片伸出橘红色或红色鹿角状物(束丝),即所谓"红丝",很醒目。有时还生出浅红色棉絮状物。

草地上出现枯黄色死叶和病叶顶端出现红色束丝,都是红丝病的重要识别特征。

【病原菌】 病原菌为 *Isaria fuciformis* Berk.。在病叶上生淡红色菌丝体,并形成红色束丝由病叶片伸出,长可达1

厘米。分生孢子单胞,椭圆形,无色,聚集成粉红色絮状孢子团。病原菌的有性阶段,为一种担子菌 *Laetisaria fuciforme* (McAlp.) Burdsall,在自然条件下发生情况不明。

【发病规律】 病原菌以束丝在病叶上或枯草层中渡过环境不适宜时期。束丝起菌核的作用,可以耐受 32℃高温和-20℃低温,即使在干燥条件下也可以存活两年以上。病原菌的分生孢子和束丝,都可以随流水、工具、人畜局部传播。分生孢子和带菌病株残片,还可随气流远程传播。

高湿有利于红丝病发生,重露、小雨和浓雾尤其有利于此病的发生。红丝病菌生长温度为 0℃～30℃,适温 18℃～20℃,春秋两季发病较重。禾草遭受低温、干旱缺水等环境胁迫时,易于发病。缺氮和钙,禾草生长缓慢的草地病重。生长调节剂施用不当,或其他病害严重发生而削弱禾草生机时,也易发病。

【防治方法】

1. 加强栽培管理 平衡施肥,增施氮肥,改变草坪缺氮、缺钙状态;灌水要少灌深灌,避免在下午和傍晚灌溉,尽量缩短茎叶结露时间;草坪与周围乔、灌木合理搭配;改善草地通风条件,增加日照量;发病期间将剪草时剪下的茎叶销毁。

2. 使用抗病品种 禾草品种间对红丝病的抗病性明显不同。常发生此病的地区应选用抗病品种,起码应淘汰高度感病的品种。国外报道的草地早熟禾抗病品种有 A34、Adelphi、Birka、Bonnieblue 和 Touchdown 等;抗病性强的多年生黑麦草,有 Citation、NK 100、NK200 和 Sore 等;抗病性强的细叶羊茅有 Atlantic biljart、Centurion、Highlight、Pennlawn、Ruby 和 Scaldis 等,可供参考选用。

3. 药剂防治 可供防治红丝病的有效药剂,有百菌清、氯苯嘧啶醇、扑海因、代森锰锌、甲基硫菌灵、丙环唑和三唑酮等。

（十一）草地褐斑病

草地褐斑病，因罹病草坪上形成褐色病草斑而得名，又称丝核菌综合症。它分布于世界各地，危害各种禾草。主要寄主有翦股颖、多年生黑麦草、高羊茅和草地早熟禾等。在我国北方发生普遍而严重，可使草地大片枯死。

【症状识别】　禾草由苗期到成株期都可被草地褐斑病病原菌侵染，出现苗枯、根腐、茎基腐、鞘腐和叶腐等一系列症状。病株根部和根颈部变为黑褐色而腐烂。叶鞘上生梭形、长梭形褐色病斑，多数病斑长 0.5～1 厘米，有的长达 3.5 厘米以上，严重时病斑可环绕茎部一周。初期病斑中部青灰色水浸状，边缘红褐色，后期病斑黑褐色。严重时整个病茎基部变褐色或枯黄色，病分蘖多枯死。叶鞘病斑上附有褐色不规则形菌核，易脱落（彩照 21）。叶片上病斑为梭形、椭圆形或长条形，长 1～4 厘米，中部青灰色，略呈水浸状，边缘红褐色。在高湿条件下，病叶鞘和病叶片上生有稀疏的褐色菌丝。

草地褐斑病形成的草地斑，其特点常因草种、留茬高度和天气因素而变化。留茬高度低的翦股颖草坪，出现近圆形的红褐色草地斑，直径 15～20 厘米，有的达 30 厘米以上。斑内病草初为污绿色、淡紫色，很快变为褐色而死亡。草地斑可相互汇合，形成大片枯草区（彩照 22）。在暖湿条件下，草地斑有暗绿色至浅灰色浸润性伸展的边缘，宽 2～5 厘米，由萎蔫的新病株构成，称为"烟状环"，清晨有露水时清晰可见。

留草较高的草坪，产生近圆形或不规则形褐色草地斑，草地斑由死草和枯草组成,无"烟状环"症状。草地斑大小不一,有时多个草地斑连成一片,草坪大部分发病(彩照23,24)。在干燥条件下,草地斑中央的病株较边缘的病株恢复得快,结果草地斑中央绿色,周边黄褐色,呈蛙眼状或环状。有时,病株散生于草坪中,无明显的草地斑。

识别该病要依据单株症状和草地斑的总体症状。与类似病害混淆时,要根据病株上病原菌产生的小菌核来确诊。

【病原菌】 主要为立枯丝核菌 *Rhizoctonia solani* Kuhn。该菌菌丝褐色,直角分枝,分枝处缢缩,附近形成隔膜。老熟菌丝粗壮,念珠状。菌核红褐色,形状不规则,长 0.1～0.7厘米。不形成无性孢子。该菌寄主范围很广,侵染 250 余种植物。此外,禾谷丝核菌、水稻丝核菌、玉米丝核菌等也危害禾草。

【发病规律】 病原菌以落在枯草层和土壤中的菌核,以及病株残体中的菌丝体,越夏或越冬。菌核耐低温和高温,其萌发的温度范围为 8℃～40℃,最适温为 28℃。菌核萌发生出的菌丝以及病残体生出的菌丝,在枯草层或土壤表面伸展,接触植株后,由伤口或气孔侵入。丝核菌侵染和发病的适温为 21℃～32℃。菌核在植株发病部位表面和组织内形成,病组织解体后,落于枯草层或土壤中。

在生长季节中,病株产生的菌丝在植株之间蔓延。早晨剪草作业时,剪草机的轮子被露水浸湿,可粘附病原菌菌丝体,传病距离较长。也正是由于这一原因,有的草坪中病草沿轮辙分布,而不形成典型的近圆形草地斑。

在气温较高、多雨高湿的天气条件下,发病重。通常晚春至初秋为发病高峰期。但若夏季高温干旱,发病受抑制,草坪斑中存活的病株又发出新根和新叶,有程度不同的恢复。在冬季禾草地上部分不枯死的地区,病株带菌越冬。立枯丝核菌有耐低温的菌系,可周年侵染。

建植时间较长、枯草层较厚的草坪,菌源量大,发病重。低洼潮湿、排水不畅或密植郁闭,小气候湿度高的草坪,禾草发病重。重施速效氮肥,磷、钾营养缺乏,植株抗病性明显降低。在夜间灌水,延长了叶片湿润时间,病原菌侵染增多。剪草机刀片钝,撕伤叶片,也有利于病原菌侵染。冬季低温,禾草遭受冻害,可能造成大量茎腐死株。

【防治方法】

1. 加强草坪管护　清除病残体,清理枯草层,减少菌源。平衡施肥,勿过量偏施速效氮肥,注意磷、钾肥的配合使用。遮荫的草坪尤应避免过量施肥。不要大水漫灌,以防止草坪积水。灌水要透,避免多次小量灌溉。高温高湿季节,应轻灌、少灌。不要在傍晚和夜间灌水,以减少结露。改善草坪通风透光条件,以有利于露水尽快消散。发病条件适宜时,可在清晨人工去除植株上的露水。剪草时,剪下的枝叶要移出草地。

2. 使用抗病、轻病品种或草种　对抗草地褐斑病的抗病育种工作难度较大,现有抗病品种较少,抗病水平不高,可尽量择优采用。已知高羊茅抗病品种,有 Adventure, Arid, Cimmaron, Maverick, Mesa, Monarch, Rebel II 和 Tribute 等。多年生黑麦草抗病品种,有 Citation, Derby, Manhattan, Omega, Pennfine, Manhattan, Tara 和 Yorktown II 等。无抗病品种可用时,应尽量使用轻病品种或草种。

3. 药剂防治　有发病史的高价值草坪,要定期喷布杀菌剂,预防发病。其他草坪可在病害发生初期开始施药。可供选用的杀菌剂有:苯菌灵 ,甲基硫菌灵,百菌清,氯苯嘧啶醇,扑海因,五氯硝基苯,丙环唑,三唑酮和 烯唑醇等。上述药剂可参照农药说明书施用。

(十二)全 蚀 病

全蚀病是土传根病,病株根系腐烂,矮小黄弱,甚至干枯死亡。发病后,病情逐年发展,大片草坪被破坏殆尽。冷季型草多发,翦股颖、早熟禾等受害最重。当前发病区域不广,需严防扩散。

【症状识别】 禾草感染此病后,病草坪上首先出现小型圆形草地斑,略凹陷,草黄色至褐色,冬季可变灰色。以后草坪斑扩展增大,并相互连接,汇合成为大型形状不规则的草坪斑。翦股颖草坪上的草坪斑,每年可扩大15厘米,直径可达1米以上。但也有些草坪斑仅短暂出现,不扩展。在翦股颖混播草坪上,草坪斑中翦股颖病株枯死,中央生长较抗病草种,呈蛙眼状(彩照25)。

病株的根、根状茎、匍匐茎和根颈,由皮层向内部腐烂,变成暗褐色至黑色(彩照26)。根颈和茎基部叶鞘内侧与茎表面形成一层黑色物,由病原菌菌丝体构成,称为菌丝层。用放大镜观察,可见该处密生粗壮的黑色匍匐菌丝束,秋季还可见到黑色点状突起物,为病原菌的子囊壳。茎部表面有黑褐色长条状病斑。在干旱条件下,茎基部叶鞘内不形成子囊壳,甚至也不形成黑色菌丝层,病株仅根变黑腐烂。病株地上部分生长衰弱,矮小,变为黄色至红褐色。

病株矮小变黄,构成圆形至不规则形草坪斑,有时草坪斑呈蛙眼形。典型病株地下部腐烂变黑,茎基部叶鞘内产生黑色菌丝层和黑点状子囊壳,较易识别。但在干旱时不产生典型症状,难以识别。此时若发现叶茎枯黄的植株,应仔细挖出根系,检查根部腐烂发黑情况,有时仅根尖变黑,需特别注意。

【病原菌】 为一种子囊菌,称为禾顶囊壳 *Gaeumannomyces graminis* (Sacc.) Arx & Oliver。该菌寄主范围广,危害小麦和大麦等多种禾谷类作物和禾草,引起全蚀病。全蚀病菌分为四个变种,即燕麦变种、小麦变种、禾谷变种与玉米变种,各变种寄生的主要植物不同。寄生于草坪禾草的主要是燕麦变种,但其他全蚀病菌变种,也能侵染禾草并造成危害。

【发病规律】 全蚀病菌以菌丝体随病株残体,在枯草层和土壤中越冬或越夏。在禾草整个生育期都可侵染。接触或接近植株根部的病残体,在适宜条件下长出侵染菌丝而侵入。全蚀病菌可以从植株地下部分,包括种子根、次生根、根状茎和根颈等部位侵入,也可由胚芽鞘、茎基部叶鞘侵入。全蚀病菌的菌丝沿根和根状茎扩展,并接触健株根系,实现植株间的传播,使病株不断增多,草地斑扩大。

在全蚀病发生规律的研究中,有两个还没有完全解决的问题。一个是种子传病问题,另一个是子囊孢子的作用问题。

许多事实表明,全蚀病可以通过引种而传播到无病地区或无病地块,但是全蚀病菌并不侵染种子,种子本身也不带菌。现在多数研究人员认为,全蚀病是通过混杂在种子中间的带菌植物残片或土壤而远距离传播的。

全蚀病病株上产生病原菌的子囊壳和子囊孢子。子囊壳为子囊菌的有性繁殖器官,子囊壳内生成多个口袋状的子囊,每个子囊内形成 8 个子囊孢子,子囊孢子成熟后脱离子囊壳,分散传播,侵染植物。在草坪全蚀病方面,国外有人认为,病株上的子囊孢子被雨水冲刷,进入土壤,在有利的条件下可以侵染根系,形成许多分散的小型草地斑,每个草地斑就是一个传病中心。

影响全蚀病发生的因素很多。营养要素缺乏有利于全蚀病发生。缺氮的草地,施用适量氮肥后病情减低。氮肥种类对全蚀病的影响也不一致,施用硝态氮可能加重发病,铵态氮可能减轻发病。重施氮肥,严重缺磷或氮磷比例失调,将加重全蚀病。施用过量石灰,使土壤 pH 值大幅升高后,全蚀病显著加重,酸性土壤发病较轻。保水保肥能力差的砂土病重。为防治病虫害或杂草而进行熏蒸处理后重新补播的草坪病重。

较为冷凉湿润的气象条件,有利于全蚀病发生。病原菌侵染的最适地温为 12℃～18℃,但低至 6℃～8℃仍能侵染。一旦侵染成功,即使温度升高,受害也很重。多雨,频繁灌溉,土壤表层有充足的水分,也是病原菌侵染和发病的必要条件。冬季温暖,春季多雨病重;冬季寒冷,春季干旱病轻。土壤中颉颃性微生物增多,可抑制全蚀病菌,甚至使全蚀病自然消退。

【防治方法】 全蚀病是一种难以防治的病害,现在还缺乏特效防治方法。无病地区应严防传入,已发病地区需做好草坪管护的基础工作,使坪草生长苗壮,提高抗病、耐病能力,创造不利于病原菌、而有利于颉颃微生物的环境,减少发病。

1. 减少菌源 施用清洁种子,不由发病地区引种。草坪初次发现全蚀病后,应彻底清除病株和周围土壤。

2. 改种或混播 病地改种非禾本科地被植物。鉴于翦股颖草坪上植株发病最重,可用较抗病的紫羊茅与翦股颖混播建坪,以减轻发病。

3. 栽培防病 控制施用氮肥,特别是硝态氮的施用,增施磷、钾肥和有机肥。合理灌溉,减低土壤湿度。砂性瘠薄土壤,保水保肥力差,需增加水肥,使禾草生长健壮。

4. 药剂防治 使用丙环唑、三唑酮或甲基硫菌灵拌种。三唑类药剂处理麦类种子,常延缓出苗和降低出苗率,禾草的药害表现不明,需进一步试验确定。

5. 生物防治 施用荧光假单胞杆菌生防制剂,或用生防制剂拌种。

(十三)腐霉疫病

多种腐霉菌侵染禾草根部、根颈和茎叶,引致复杂的症状,通称"腐霉疫病"或"腐霉综合症"。腐霉疫病是高尔夫球场草坪、公园草坪、住宅草坪、体育场草坪等各类草坪的重要病害。我国以江淮流域及其以南地区发病重,常是草坪毁坏的主要原因。

【症状识别】 禾草从幼苗到成株,在各个生育阶段都可被腐霉菌侵染,引起复杂的症状。

1. 苗腐 在种子萌发和出苗过程中发病,造成幼芽或幼苗湿腐,溃烂失形。存活幼苗的幼根尖端部分出现水浸状腐烂,并迅速发展。出苗后被侵染的幼苗,靠近地面部分有褐色水浸状腐烂,造成幼苗猝倒。发病较轻的幼苗叶片变黄,较矮,生长不良。

2. 成株根腐 成株根部产生褐色腐烂斑块,根系发育不良,病株分蘖减少,生长缓慢,底部叶长,变黄或变褐。有的病株根系外形正常,无明显腐烂,或仅轻微变色,但次生根的吸水机能减低,草地慢性退化。但在高温炎热时,病株失水,大量迅速死亡。

3. 叶腐 在高温高湿条件下,腐霉菌活跃,其侵染活动由植株地下部分扩展到地上部茎叶,叶腐尤为明显。病株由叶尖向下或由叶片基部向上腐烂。清晨有露水时,病叶片暗绿色水浸状,摸上去有黏滑感。叶片上生有白色棉絮状菌丝(彩照27)。病株散发特有的鱼腥气。病叶干燥后萎蔫,变为褐色。病草倒伏死亡。

在高尔夫球场翦股颖草坪和其他留草低的草坪上,突然出现直径5～15厘米的褐色近圆形草地斑。若天气持续炎热高湿,草地斑扩大并相互汇合,坪草大部死亡。若不久后气温或湿度突降,则仅部分病叶枯萎,维持草枯色小型草地斑(彩照28)。

在留茬较高的草坪上,草地斑较大,形状较不规则。多个草地斑可以汇合为更大的死草区(彩照29)。这类死草区往往分布在草坪最低湿的区段或水道两侧,有时沿剪草机或其他机具作业路线呈长条形分布。

腐霉病症状复杂,需仔细辨识。苗期引起的典型猝倒症状易于识别。在较干燥条件下,腐霉病引起的根腐导致病株生长缓慢,黄化,草地慢性退化,症状与其他根腐真菌和某些线虫引起的症状难以用肉眼区分开,需要室内鉴定病原种类。在高湿条件下,发生的叶腐较易识别。清晨有露水时,病叶生有白色棉絮状菌丝体,并呈现油滑的外观。有疑问时,可切取病草,放入塑料袋中,封口,置于温度较高的处所,几小时后,就会散发鱼腥味,并长出典型白色菌丝。

【病原菌】 鞭毛菌亚门腐霉属 20 余种真菌可侵染禾草,其中主要为瓜果腐霉 *Pythium aphanidermatum* (Eds.) Fitzp.,禾谷腐霉 *P. graminicola* Subram 和终极腐霉 *P. ultimum* Trow. 等。

【发病规律】 腐霉菌可以在土壤和枯草层中长期存活。土壤和病残体中的卵孢子是最重要的侵染菌源。菌丝体也可以在病株体内越年。在整个生长季节都可发生侵染。病原菌借病株碎片随风雨、流水,或者粘附在剪草机、其他机具和操作者的鞋靴衣服上传播。草坪中残留的上一季病株、死株,以及当季早期病株,都是重要传病中心,使发病区域逐年扩大。腐霉疫病一般在晚春、初夏发生最重。夏季干旱,发病受到明显抑制。秋季病情又有发展。

高温高湿有利于腐霉疫病发生。气温 30℃～35℃时,降雨多,空气相对湿度高于 80%且持续高湿时,最适于发病。在有利的天气条件下,腐霉菌的侵染、发病和传播的速度都很快,一大块草坪在 1～2 天内就可被破坏。由于病原菌的适应性强,故腐霉病并不局限于高温季节发生,即使温度稍低,但高湿的天气延续,在 5 月份或 9 月份也可严重发生。

土壤排水不良和草坪小环境湿度过高,是最重要的发病因素。大雨或灌溉后积水的草坪,草坪中低洼淹水的地段,以及喷灌草坪的喷头周围,发病都重。此外,植株过密,草地郁闭,通风不良;氮肥用量高,茎叶柔嫩;灌溉失当,土壤紧密粘重,排水不畅等,都会加重病情。

【防治方法】 腐霉病是难以防治的病害,当前缺乏抗病品种,也没有特效的单项防治方法,因而防治腐霉病必须采取栽培防病和合理用药相结合的综合措施。

1. 改善草坪立地条件 建植草坪之前,应精细平整土地,覆沙或客土,改良粘重土壤;设置地下或地面排水设施,防止雨后积水,降低地下水位;合理安排草坪周围乔木、灌木,保证通风透光良好。

2. 加强管护 合理灌水,改进灌溉方法,采用喷灌、滴灌,避免大水漫灌;湿热季节节制灌水,减少灌水次数,以降低根层(10～15 厘米深)含水量和草坪小气候湿度;人工除露,使叶面尽快干燥,以减少腐霉菌扩展活动;平衡施肥,避免用过量氮素追肥,既要满足禾草的营养需求,又不能刺激禾草夏季疯长;高温季节有露水时不剪草,不进入草坪,以减少病原菌传播;草株密度过大时要疏草;定期打孔或切割,减少枯草层的积累,使表土通气透水。

3. 种植耐病品种　耐病品种有较强的生理补偿作用,发病后通过增强根系机能而补偿损失。

4. 药剂防治　用药剂拌种,防止烂种和苗期猝倒。生长期在发病前喷施保护性或治疗性杀菌剂。对于高价值或高度感病的草坪,应制定防治历,定期喷药。也可根据天气预报,在湿热天气到来前用内吸杀菌剂进行预防性施药。以后,再按一定时间间隔继续喷药。有效药剂为甲霜灵、普力克、三乙膦酸铝(乙膦铝)、杀毒矾、甲霜灵锰锌、绿源铜和敌磺钠(敌克松)等。

(十四)炭 疽 病

炭疽病危害各种草坪禾草,以一年生早熟禾、翦股颖等发病较重。

【症状识别】　发病草坪上生不规则的草地斑,直径数厘米至数米不等,初期红褐色,后变淡枯黄色。病原菌主要侵染根、根颈和茎基部,发病部位变色腐烂。茎基部症状最明显,最初生水浸状病斑,扩展后成为椭圆形红褐色大斑。后期病斑上长出黑色小粒点,即病原菌的分生孢子盘,盘中生有较长的黑色刺状刚毛。根颈和茎基部发病严重时,全株或部分分蘖发育不良,变黄枯死。叶片上的病斑为椭圆形、纺锤形或长条形,红褐色。病叶变黄、变褐后枯死。病叶片上也能生出黑色小粒点。

炭疽病比较容易识别。病株茎基部和叶片上产生红褐色病斑,用手持放大镜可见后期病斑上生有黑色小粒点,并伴有毛发状突起物。

【病原菌】 炭疽病的病原菌为禾生炭疽菌 *Colletotrichum graminicola* (Ces.) Wilson。该菌能侵染 20 余属的温带禾草和禾谷类作物。

【发病规律】 病原菌以菌丝体和分生孢子随病株或病株残体越冬或越夏。禾草根颈部和茎基部最易被侵染。分生孢子还由风雨传播,着落在植株叶片上,萌发后由表皮直接侵入。种子也带菌传病。

草坪建植多年,遗留病残体较多,发病逐年加重。草坪土壤碱性,缺肥,枯草层厚,高温(28℃～30℃)多湿时发病重。

【防治方法】 防治炭疽病首先要加强草地管理,清除病残体,清理枯草层,降低环境湿度,保持中等氮素水平,避免在炎热干旱时施用过量氮肥。栽培抗病或轻病早熟禾品种。必要时施用杀菌剂。可供选用的药剂有百菌清、氯苯嘧啶醇、丙环唑、甲基硫菌灵和三唑酮等。

(十五)白 绢 病

白绢病,是我国中、南部气温较高地区草坪的常见病害。除危害翦股颖、羊茅、黑麦草和早熟禾等多种禾草外,还侵染三叶草等双子叶地被植物。

【症状识别】 坪草染病后,草坪初生圆形、半圆形的黄色草地斑,直径可达 20 厘米。随着病情的发展,草地斑边缘的病株多枯死,变成红褐色,因而草地斑有明显的红褐色环带。天气高温多湿时,环带迅速向外扩展,草地斑直径可达 1 米以上。在草地斑边缘枯死植株上和植株附近枯草层表面上,生有棉絮状白色菌丝体。其中可产生白色至褐色的颗粒状菌核。

病株表现苗枯、根腐、茎基腐等症状,黄枯瘦小,严重时变褐死亡。有时叶鞘和茎上产生褐色的不规则形或梭形病斑。茎基部缠绕白色棉絮状菌丝体(彩照30)。叶鞘与茎秆之间也有白色菌丝体和菌核。

白绢病是一种根部和茎基部的腐烂性病害,高温高湿时病情发展快。病株上以及病株附近地面,生有白色棉絮状菌丝体和菌核,据此可与其他根病区分。

【病原菌】 白绢病病原为一种子囊菌,称为齐整小核菌 *Sclerotium rolfsii* Sacc.。该菌寄主植物多达 500 余种,其中包括许多重要农作物。菌核球形、近球形,直径为 0.5～3 毫米,表面平滑而有光泽,坚硬,易脱落。菌核初白色,后变褐色,但内部仍为灰白色。

【发病规律】 在枯草层和土壤中长期存活的病原菌,是主要侵染菌源。条件适合时,菌核萌发,菌丝体生长蔓延,接触并侵入植物,引起发病。高温(25℃～35℃)、高湿和富含有机质的土壤,有利于病原菌活动。低温、碱性土壤(土壤 pH 值高于 8.0)以及土壤透气性不良等因素,都不利于病原菌生长,从而减轻病害发生。低湿草坪,特别是易积水的低洼地段发病多。该菌不耐低温,轻霜即能杀死菌丝体,菌核经受短时间的－20℃低温后死亡。

【防治方法】 防治白绢病以精细管理为基础,要适时清理枯草层,极力减少发病源;施用石灰改良酸性土壤;减低田间湿度,加强水肥管理,提高植株生活力;必要时施药防治。防治白绢病的有效药剂,有退菌特、甲基硫菌灵、五氯硝基苯、代森铵和三唑酮等。

(十六)镰刀菌综合症

多种镰刀菌都能侵染禾草,产生一系列复杂的症状,其中包括苗腐、根腐、茎基腐、叶腐等,统称为"镰刀菌综合症"。主要症状因禾草种类、镰刀菌种类以及环境条件的组合不同而有差异。早熟禾与细叶羊茅发病较重。

【症状识别】 幼苗出土前后发病,种子根腐烂变褐色,严重时造成烂芽和苗枯。发病较轻的,幼苗黄瘦,发育不良。成株根、根颈、根状茎、匍匐茎和茎基部干腐,变褐色或红褐色,叶片有不同程度的枯萎。潮湿时,茎基部叶鞘与茎秆之间,生有白色至淡红色的霉状物。病株下部老叶和叶鞘上还可出现叶斑。叶斑形状不规则,初期水浸状墨绿色,以后变为枯黄色或褐色,有红褐色边缘。

通常坪草染病后,草坪出现圆形或不规则形草地斑,直径为2~30厘米,初呈淡绿色或灰绿色,后变为枯黄色或褐色。斑内植株几乎全部发生根腐和茎基腐。草地早熟禾3年以上草坪的草地斑,直径可达1米,多呈蛙眼状。草地斑中部为正常绿色植株,边缘红褐色,为枯死草株构成的环带。

【病原菌】 镰刀菌综合症的病原菌,为多种镰刀菌,主要有黄色镰刀菌 *Fusarium culmorum* (Smith) Sacc.,燕麦镰刀菌 *F. avenaceum* (Fr.) Sacc.,禾谷镰刀菌 *F. graminearum* Schw.,异孢镰刀菌 *F. heterosporum* Nees ex Fr. 和梨孢镰刀菌 *F. poae* (Peck) Wollew. 等。他们的寄主范围都很广泛。病原菌在病部可形成菌丝体、分生孢子和厚垣孢子,有时还产生子囊壳。

【发病规律】 造成草坪发病的病原菌,来源广泛,包括带菌种子、带菌土壤和病残体等。镰刀菌可以以厚垣孢子和菌丝体在土壤、枯草层和病残体中越年存活。在种子萌发和出苗过程中,病原菌侵染胚轴、种子根等幼嫩组织,造成烂芽和苗腐。对较大的植株,病原菌主要从根颈上的伤口侵入,也有的先侵入细根,使之变褐腐烂,变色部位逐渐扩展到根颈。病组织内形成大量厚垣孢子,进入土壤后,可随土壤传播。病株地上部分和地表病残体产生的分生孢子,随风雨传播,侵染茎叶,引起叶斑和叶腐。

高温和土壤干旱,有利于根腐和基腐发生。干旱时遭受长期高温,或高温后突遇大雨,都加重发病。向南的坡地,日照强,易发生根腐。春、夏季施用氮肥过量,氮、磷比例失调,剪草过度,留茬高度太低,枯草层太厚,其 pH 值高于 7.0 或低于 5.0 等,都有利于镰刀菌根腐病和基腐病发生。建植较久的老草坪,发病也较多。

【防治方法】

1. 栽培防病　在易发草坪,增施磷、钾肥,春、夏季控制氮肥用量;多次少量施用石灰,保持枯草层和土壤 pH 值在 6～7 之间;夏季天气炎热时,应在中午给草坪喷水降温;合理灌溉以维持草株平衡均匀生长,斜坡地易受干旱,需补充灌溉;及时清理枯草层;坪草染病后,草坪留茬高度应不低于 4～6 厘米。

2. 种植抗病、耐病草种和品种　黑麦草较抗病,可用黑麦草与感病的草地早熟禾混播。坪草感病后,补种黑麦草或草地早熟禾抗病品种。抗病的草地早熟禾品种有 *Adelphi*,*Aspen*,*Edmundi*,*Rugby*,*Sydsport* 和 *Touchdown* 等,可供选用。

3. 药剂防治　发病前或发病初期,可用多菌灵、苯菌灵、甲基硫菌灵、氯苯嘧啶醇、扑海因或代森锰锌等杀菌剂,进行预防性或治疗性施药。

（十七）其他病害

黑痣病

黑痣病，是各种禾草的常见病害，各地都有发生。病株叶片两面生有卵圆形、椭圆形的黑痣状病斑，长 0.2～5 毫米，稍隆起，表面光滑，有光泽（彩照 31）。黑痣病易于识别，但需注意不要误认为锈病的冬孢子堆。

病原菌为子囊菌亚门黑痣菌属的多种真菌，最常见的是禾草黑痣菌 *Phyllachora graminis* (Pers.) Fckl. 。该菌在病叶表皮下形成假子座，即肉眼可见的黑痣。

多湿而荫蔽的生态环境适于发病。通常发生轻，不需采取特别防治措施。严重发生时，能污损景观，可及时剪草。

黑孢霉叶枯病

黑孢霉叶枯病，主要发生于草地早熟禾、黑麦草和紫羊茅草坪，分布广泛，局部地区危害严重。草地早熟禾叶片上产生梭形或不规则形病斑，长度为 1～15 毫米不等。病斑内部青灰色，外缘紫褐色，周围有黄色晕，中部有时开裂穿孔（彩照 32）。多个病斑汇合，使病叶黄枯。在高湿条件下，病部产生茂密的灰白色气生菌丝，可资识别。病株多在草坪上散生，有时也形成直径 10～20 厘米的草地斑。

该病的病原菌为球黑孢霉 *Nigrospora sphaerica* (Sacc.) Mason。该菌以菌丝体和分生孢子在病残体上存活。在生长季节，分生孢子由风雨传播，发生多次再侵染。病叶与健叶接触也能传病。夜间温暖,有浓雾或小雨,利于该病流行。草坪土壤瘠薄或遭受干旱后,植株抗病性降低,发病也重。

防治方法参见离蠕孢叶枯病的防治。

草瘟病

草瘟病,又称灰斑病。主要危害钝叶草和狗尾草,也侵染狗牙根、假俭草、羊茅、黑麦草和其他禾草。各地都有发生,局部地区发病较重。

病株叶片和茎上产生梭形、长圆形或长条形病斑。病斑中部灰褐色,有明显的紫褐色边缘,周围有或无黄晕。病斑两端有向外延伸的褐色线条,称为"坏死线"(彩照33)。高湿时病斑背面有灰色霉状物。严重发生时,整片草坪呈焦枯状。

该病的病原菌为稻梨孢 *Pyricularia oryzae* Cav.。该菌以菌丝体和分生孢子在病叶上和病残体上越冬。温、湿度适宜时,病株产生大量分生孢子,随风雨传播,多次再侵染。种子也能带菌传病。温度适宜(20℃～30℃),雨水多,或草坪小气候湿度高时,发病多。新建植的草坪发病较重。草坪管护失当,施用氮肥偏多,干旱,土壤坚实或除草剂使用不当等原因,都可使草株生育不良,皆为发病的重要诱因。

防治草瘟病,应加强草坪管护,消除发病诱因,降低湿度,栽培抗病品种。在发病初期开始喷施杀菌剂。有效药剂有三环唑、稻瘟灵、三环唑·井、异稻瘟净和克瘟散等,可选择喷用。

喙孢霉叶枯病

喙孢霉叶枯病,危害羊茅、黑麦草、早熟禾、鸭茅和翦股颖等多种禾本科草,又称"云纹斑病"。该病在我国南北各省都有发生,严重发生年份造成草地早衰。

叶上病斑为梭形或长椭圆形,在早熟禾和黑麦草叶片上多为长条形或不规则形。病斑长度可达 10～20 毫米,宽度为 2～3 毫米。病斑内部枯黄色至灰黄色,边缘深褐色,宽 0.5～1 毫米(彩照 34,35)。发病后期多数病斑汇合,略成云纹状,叶片枯死。叶鞘上病斑可环绕叶鞘一周,也使叶片枯黄死亡。

其病原菌有两种,即直喙孢 *Rhynchosporium orthosporum* Cald. 和黑麦喙孢 *R. secalis* (Oud.) Davis。两菌引起的症状相同。除禾草外,还侵染黑麦和大麦等农作物。病原菌生长温度范围为 5℃～28℃,适温为 20℃。病原菌以菌丝体在病株和病残体上越冬。春季产生分生孢子,频繁再侵染,形成发病高峰。夏季炎热干燥,喙孢霉叶枯病发生受到抑制。秋季病情又复严重。管理不善,不及时剪草的草坪,发生较多。

防治方法参见离蠕孢叶枯病的防治。

铜 斑 病

铜斑病,危害翦股颖、狗牙根和结缕草等禾草,以及高粱、苏丹草等作物。病株叶片产生红褐色椭圆形小斑,多数病斑汇合后可占据大部叶面。高湿时病部产生多数红色小粒点和白色气生菌丝。禾草生病的草坪,散生直径 2～7 厘米的橘红色至赤铜色草地斑。

其病原菌为高粱胶尾孢 *Gloeocercospora sorghi* Bain. et Edg.。病斑上的红色小粒点就是由气孔露出的病原菌分生孢子座和粘分生孢子团。病原菌还在病组织中形成黑色球形菌核。菌核随病残体越冬后萌发,产生分生孢子座和分生孢子,后者萌发产生菌丝侵染新叶。分生孢子随风雨、农机具、人畜传播,不断产生再侵染。湿热的天气,以及瘠薄、酸性的土壤,适于发病。

防治方法包括增施肥料、施用石灰以及喷布杀菌剂等。

狗牙根春季死斑病

狗牙根春季死斑病,为狗牙根(百慕达草)最重要的病害之一。该病在北美和澳洲造成严重危害,日本结缕草也有类似病害发生。

春季休眠的感病狗牙根恢复生长后,出现圆形、近圆形褐色草地斑,草地斑直径由数厘米至 1 米以上。斑内枯株死亡,呈苍白色。发病后 3～4 年内,草地斑往往在同一位置重复出现。2～3 年后,因草地斑中心部位植株存活,草地斑呈环带状。狗牙根病株根和根状茎腐烂,有时病部产生暗褐色匍匐菌丝和菌核。

该病的病原菌长期不明,有人认为是子囊菌亚门小球腔菌属的两个种。近年发现可能主要是禾顶囊壳禾谷变种。病原菌在土壤和枯草层中存活,在春季和秋季温度较低、土壤湿度较高时最活跃。春季寄主茎叶恢复生长后,受害最明显。夏末大量施肥可导致严重发病。在北美洲,仅 11 月份日均温低于 13℃ 的地区发生狗牙根春季死斑病。

防治该病,要平衡施肥,控制氮肥使用,清理枯草层,采用打孔、垂直刈割等措施,改善草皮通透性,促进根系发育,排水散湿,使用抗寒性强的品种,以及施用内吸杀菌剂。

仙 人 圈

夏天雨后草地上常生出多种蘑菇,其形状和颜色不尽相同。蘑菇是伞菌目的真菌,它们利用土壤和枯草层中的有机物,营腐生生活,并不寄生于生活的禾草。但在一定条件下,会形成所谓仙人圈(蘑菇圈),危害草坪。

仙人圈,是春末夏初在潮湿草坪上出现的暗绿色圆圈,其直径不一,宽度多为10～20厘米。圈上禾草生长茂盛,叶色深绿,圈内禾草衰败枯死。有的在枯草圈内侧还出现次生茂草区。夏末雨后或灌溉后外圈茂草带生出一圈蘑菇,即伞菌的担子果。仙人圈的大小不等,小的直径数厘米,大的5～10米。有时草地上有多个仙人圈相互交错重叠。

依据仙人圈的形态结构特点,可分为三个类型:类型一由1条茂草带和1～2条枯草带构成;类型二仅有1条暗绿色茂草带,产生担子果;类型三由环状排列的担子果构成(本类型对禾草生长未见影响)。

造成仙人圈的真菌有50余种,大多属于担子菌亚门伞菌目,也有一些属于马勃目。仙人圈出现可导致禾草死亡,草地衰败。关于死草的机制,有人认为是土壤内充满真菌菌丝体,阻止水分渗透,禾草因缺水而死亡;有人认为是真菌产生的氰化物或土壤中氨的浓度增高而毒害禾草;还有人认为是禾草受到削弱后因其他病原菌侵染或环境胁迫而死亡。

防治仙人圈的方法如下:①土壤浸水。草坪在夏季大水漫灌、喷灌或打孔注水,使土壤浸水1个月左右。②加强管护。补充灌水施肥,以促进禾草生长。采摘担子果,铲除杂草。清理枯草层,增强草皮通透性。③药剂防治。在技术人员指导下,用溴甲烷或甲醛熏蒸土壤。也可打孔灌浇萎锈灵、苯菌灵或百菌清等杀菌剂药液。④客土或混土。铲掉禾草,将仙人圈前后50厘米,深20～75厘米范围内的土壤移出,客以未被污染的净土,或用旋耕犁反复耕作,混合已被污染与未被污染的土壤,然后灌水,休闲越冬后再播种建植草坪。

三、三叶草病害及其防治

（一）锈　病

三叶草的锈病，主要有两种，即三叶草普通锈病与白三叶草噬脉锈病。普通锈病是白三叶草和红三叶草的重要病害，分布广泛。叶片、叶柄、茎、花等部位都可发病，其中以叶片和茎部受害较重，常造成三叶草草地早衰。白三叶草噬脉锈病多发生于欧洲和新西兰，我国西南地区也有发生。

【症状识别】

1. 三叶草普通锈病　被普通锈病侵染的三叶草植株，依季节不同，产生不同类型的病斑。在夏季，病叶背面和叶柄上初生褪绿小斑点，后扩大并变为黄褐色。病斑表皮下充满黄褐色粉末状物，表皮破裂后散出。这种病斑特称为"夏孢子堆"（彩照36）。夏孢子堆产生的黄色粉末状物为病原菌的夏孢子。茎上的孢子堆多为长椭圆形至条形，较大。病情发展后，叶片布满夏孢子堆，变黄，脱落。秋季在叶片背面和叶柄的夏孢子堆附近，生出大小相近的黑色冬孢子堆。冬孢子堆内产生黑色的冬孢子。此外，在秋季和初春，病叶上还相继产生病原菌的性孢子器和锈孢子器。性孢子器开口于叶片正面，微小而不易发现。锈孢子器生于叶片背面，杯形，黄色。

普通锈病以夏孢子阶段的症状最明显，也最易识别。

2. 白三叶草噬脉锈病　主要危害叶柄和叶脉。在叶片的中脉、侧脉、叶柄和小叶柄上生成多数冬孢子堆。冬孢子堆长

0.5～1.5 毫米,夏秋两季为棕褐色,冬季色泽较深,为黑褐色。叶柄上的冬孢子堆多数聚集成团,形成长约15毫米的疱斑,环噬柄周,致使病部肥肿扭曲。叶脉发病后,症状特点与叶柄相似。有时,叶脉间也散生较小的冬孢子堆。

噬脉锈病主要危害叶柄和叶脉,仅产生冬孢子堆,症状明显,也易于识别。

【病原菌】 白三叶单胞锈 *Uromyces trifolii－repentis* Liro 主要引起白三叶草的普通锈病,红三叶单胞锈 *Uromyces fallens* (Arthur)Barth. 主要引起红三叶草普通锈病。两菌形态相似,都可在三叶草上完成整个生活史,经历五个繁殖阶段,产生五种类型的孢子。夏孢子由夏孢子堆产生。夏孢子单胞,球形至椭球形,黄色,表面有微刺。夏孢子萌发产生芽管,可直接侵入三叶草。冬孢子由冬孢子堆产生,冬孢子单胞,为梨形、椭球形,黑褐色,孢子顶端中部有无色乳状突,孢子基部有透明而易脱落的孢柄。冬孢子萌发产生担子孢子。担子孢子萌发后,侵入寄主植物。随后在寄主植物上相继生成性孢子器和锈孢子器,分别产生性孢子和锈孢子。性孢子器球形,黄色,埋生于叶肉组织内,内生单胞无色的性孢子,由叶面微小的孔口溢出。锈孢子器杯形,生于叶背,长达6毫米,内生淡黄色球形锈孢子。

三叶草单胞锈 *Uromyces trifolii* (Hedw. F. ex DC.) Fckl. 引起白三叶草噬脉锈病。该菌仅产生于冬孢子阶段。

【发病规律】 普通锈病的病原菌,可以在三叶草上完成整个生活史。夏孢子阶段是主要危害时期,症状最明显。夏孢子发生时期较长,发生多次再侵染,使病株增多,病情加重。在南方终年温度较高的地区,通过夏孢子反复再侵染而周年发病。

秋、冬气温降低后,病株上产生冬孢子堆和冬孢子,冬孢子萌发产生担子孢子。担子孢子萌发,产生侵染菌丝而侵入寄主植物。继而在寄主植物上相继生成性孢子器和锈孢子器,分别产生性孢子和锈孢子。性孢子仅起两性结合的作用,锈孢子则可侵染三叶草。有些地方,春季锈孢子飞散传播,引起草地发病,作用较重要。

噬脉锈病多发生于秋季和冬季。冬孢子萌发后产生担子孢子。担子孢子萌发,生出芽管,直接穿透寄主植物表皮而侵入。该病原菌可在病株内系统侵染,一旦侵入寄主后,病原菌的菌丝体可以在体内扩展,侵染各部位,因而新发出的叶片,虽无外来侵染,也可以产生病斑。

温暖湿润,降雨次数多,雨水充沛,植株茎叶结露时间长,草地郁闭高湿时,锈病严重发生。气温过高或过低,干旱少雨时锈菌活动受抑制,锈病不发生或仅轻度发生。施用过量氮肥,植株旺长时或植株缺肥,生长不良时,抗病性都有所降低,因而都有利于发病。

【防治方法】

1. 使用抗病品种　三叶草品种之间抗病性有明显区别,需鉴选抗病品种,推广使用。从国外或国内其他地方引进的抗病品种,在当地不一定表现抗病,需利用当地菌种,进行抗病性鉴定。也可少量引种观察,在发病条件下,选定在当地抗病的品种。

2. 加强栽培管理　合理施肥,增施磷、钾肥,使植株生长壮而不旺。若生长缓慢,颜色发黄,需及时追肥灌水。发病季节要控制灌水,雨后要及时排水,降低草地湿度。锈病严重发生的草地,应进行刈割,以减少菌源。

3. 药剂防治　在发病始期喷施三唑酮等三唑类内吸杀菌

剂,间隔1～3周后再次喷药,连续防治2～3次。

(二)白 粉 病

白粉病,是三叶草的大病害,红三叶草发病最重,各地白三叶草也有程度不同的发生。在天气条件适合时,白粉病病情发展很快,致使三叶草叶片布满污白色粉斑,甚至焦枯脱落,不仅严重污损草地景观,而且大大缩短草地利用时间。

【症状识别】 白粉病危害叶片两面和茎,叶片正面先发病。叶面初生微小的白色粉状斑点,恰似叶片上粘附了许多石灰粉末。以后粉斑扩大成白色霉层,霉层增厚,变为灰白色,还相互汇合,覆盖大部或全部叶片(彩照37)。天气潮湿时,病叶变黑霉烂。干燥时病叶失绿变黄,叶缘焦枯,中下部病叶脱落,植株衰弱。

白粉病在叶片两面和茎上产生白色粉状霉层,发病后期病叶黄褐焦枯,可资识别。

【病原菌】 菌丝体在叶面生长,并产生大量分生孢子。有些地方生育后期在菌丛中出现许多微小的黑色粒状物,为病原菌的闭囊壳。常见的三叶草白粉病菌有以下两种:

1. 豌豆白粉菌 *Erysiphe pisi* DC. 分生孢子在分生孢子梗上串生,单胞,无色或淡色,卵形或椭圆形。有性态闭囊壳不常见。该菌寄主范围广泛,可以寄生于157个属的357种植物上,但有高度的生理分化,存在致病性不同的多数小种,每个小种寄主范围很狭窄,只能侵染若干品种。

2. 豆科内丝白粉菌 *Leveillula leguminosarum* Golov. 分生孢子在分生孢子梗上单个顶生。分生孢子无色,肥大,长卵形,两侧略扁平。有性态闭囊壳不常见。该菌侵染多种豆科植物。

【发病规律】　在气候较暖的地区,三叶草全年生长,白粉病菌分生孢子随风雨传播,多次再侵染,周年发病。冬季气温较低的地区,以休眠菌丝体和分生孢子在植株上越冬,以菌丝体越冬为主。次年春季返青后,开始侵染。白粉病菌的分生孢子,含水量高达70%,在空气湿度较低时也能萌发。病害流行的适温为20℃～25℃,适宜空气相对湿度为60%～75%。若夏季气温太高,发病受抑制。秋季气温降低,出现另一个发病高峰期。

【防治方法】　参见本书第二章禾草白粉病的防治方法。

(三)匍柄霉轮斑病

匍柄霉轮斑病为三叶草最常见的病害,红三叶较白三叶发病重。我国各地普遍发生,在阴湿多雨地区多可造成三叶草叶片枯死或脱落,严重污损草地景观。

【症状识别】　病株叶片上初生褐色小点,逐渐发展为圆形、椭圆形或不规则圆形病斑,病斑为褐色至黑褐色,中心色泽较淡,边缘较深,多有明显的同心轮纹。发生在叶片边缘和前端的,成半圆形或不规则形大斑,有时波纹状向内扩展(彩照38)。高湿时病斑上长出霉状物,病斑污黑色。同一病叶上,常有大小不一的多数病斑,小的长1毫米左右,大的10毫米以上,相差很大。病斑扩大后,可相互汇合,叶片变黄,最终枯焦或霉烂。病叶可脱落。病株叶柄和茎上,也产生褐色病斑。

根据病叶上产生多数大小不一的褐色病斑,病斑上有轮纹和霉状物,以及病叶污黑色的外观,可与其他常见叶斑病相区分。

【病原菌】 轮斑病由匍柄霉属几种病原真菌所引起,其中以束状匍柄霉 *Stemphylium sarciniforme* (Cav.) Wiltsh. 最重要。该菌在病斑上产生病原菌的分生孢子梗和分生孢子。分生孢子单生,黑褐色,椭圆形,有纵横隔膜,壁光滑。显微镜检查时易于识别。除三叶草外,该菌还侵染苜蓿、沙打旺、红豆草等豆科牧草和地被植物。

【发病规律】 病原菌由种子传带,成为初侵染菌源。在新建植的草坪,种子带菌引起少数植株发病,成为传病中心。病斑上产生大量分生孢子,随风雨向周围植株传播,引起再侵染。在适宜条件下,病株迅速增多。在重复使用的草地,病株和病残体上的菌丝与分生孢子,是下一季发病的重要菌源。

气温高,降雨多,大气湿度高,适于轮斑病流行。草地种植密度高,生境郁闭,植株细弱,发病较重。低温、干燥时发病受抑制。在南方暖湿地区,周年可见病株。冬、春季温度较低,病斑细小;夏季和初秋气温较高,病情发展快,多形成大型病斑,造成大量叶片早枯和早落。

【防治方法】

1. 使用无病种子 播种不带菌种子。若不能确定种子来源和种株发病情况,应行种子带菌检验。利用吸水纸培养检验法,可以进行快速检验。

2. 减少越年菌源 带菌病残体是重要越年侵染菌源,秋后应清理草地,清除枯枝落叶。发病严重的草地,应及时更新或改种其他非豆科地被植物。

3. 加强管护 适时追肥灌水,提高植株抗病能力。平衡施肥,不要偏施氮肥。根据植株生长状态和天气情况合理灌水,避免草地积水。改善草地通风透光条件,降低湿度。

4. 药剂防治 在发病初期开始喷布杀菌剂,以后视天气情况和病情发展,决定后续喷药次数。可以选用的药剂有多菌灵、甲基托布津、退菌特和代森锰锌等。

(四)叶斑类病害

三叶草感染多种叶斑、叶枯病,产生形状、大小、色泽不同的各种叶斑,严重时造成叶片枯萎和落叶,污损草坪景观。病株生活力降低,往往加重其他病害的发生和环境胁迫的危害。

【症状和病原菌】

1. 黄斑病 病株小叶上初生褐色小点,以后发展成为水浸状大斑,污绿色至黄褐色。典型的病斑多由叶片的顶部或侧缘向内发展成楔形。病斑与叶片健部交界处,为宽 1~2 毫米的鲜黄色边缘,呈“V”字形,病斑可占据小叶大部分叶面(彩照 39)。潮湿时病斑上生黑色霉状物,干燥时病斑坏死部分脱落,使小叶残留“V”字形缺刻。叶柄上生褐色病斑,腐烂,致使小叶变黄萎凋。病原菌还侵染匍匐茎,使之变褐腐烂。

病原菌为半知菌亚门的三叶草弯孢 *Curvularia trifolii* (Kauff.)Bord.。

2. 黑斑病(煤斑病) 该病在较凉爽的地区发生普遍。病叶背面生有暗绿色至黑色霉斑,直径 1 毫米左右,秋季生出多数黑色痣状物。其表面平滑,有光泽(彩照 40)。痣状物生在表皮下,是病原菌菌丝体构成的垫状物(子座),由此产生分生孢子梗和分生孢子。病叶变黄萎蔫,病株落叶。

病原菌无性态者为三叶草浪梗霉 *Polythrincium trifolii* Kunze ex Ficius & Schubert,有性态者为一种子囊菌 *Mycosphaerella killianii* Petrak。

3. 灰星病 该病在冷凉湿润的地区发生。病株叶片两面和叶柄上初生细小的黑色病斑,直径约 0.3 毫米。其扩展十分缓慢,扩大后可成为近圆形病斑。其中部灰白色,周边深褐色。老叶易感病,病叶变黄枯死。在变黄的叶片上,病斑周围可在一段时间内仍然保持绿色,形成所谓"绿岛"。在老叶和枯死叶上的病斑,生有褐色小粒点,即病原菌的假囊壳(子囊壳的一种类型)。花梗、花器和种子也可被侵染。

病原菌是子囊菌亚门的一种病原真菌 *Leptosphaerulina trifolii* (Rost.) Petrak。

4. 褐斑病 该病在冷凉多湿条件下发生。叶片表面初生多数微细的褐色斑点,叶片背面少有发生。病斑扩大后成为近圆形褐斑,直径 2 毫米左右。成熟病斑的边缘颜色较深。高湿条件下,病斑上产生黑色小粒点,为病原菌的子囊盘。

病原菌为子囊菌亚门的三叶草假盘菌 *Pseudopeziza trifolii* (Bib.)Fckl.

5. 壳多孢叶斑病 白三叶草叶片上病斑近圆形或椭圆形,多数长 3~6 毫米,病斑中部灰褐色,边缘深褐色,病斑上生有稀疏的黑色小粒点,为病原菌的分生孢子器(彩照 41)。茎部病斑与叶斑相似。发病严重时,引起早期落叶。

病原菌为半知菌亚门的草木樨壳多孢 *Stagonospora meliloti* (Lasch.) Petrak。

6. 尾孢条斑病 叶片上病斑初为褐色小斑,后沿叶脉纵向发展成为长条形灰褐色病斑。病斑有时可越过叶脉横向扩展成不规则的大斑块。在叶片边缘的病斑,多向内发展成楔形或沿叶缘扩展成波浪形(彩照 42)。有的品种叶片上还形成圆形或椭圆形病斑,大小为 5 毫米左右,深褐色或紫褐色。病健交界线分明,病斑周围无黄晕。在高湿条件下,病斑上生有灰褐色霉状物。后期病斑中心部常破裂或穿孔。叶柄上形成长条形病斑。严重时,病叶枯萎脱落。

病原菌为半知菌亚门的条斑尾孢 *Cercospora zebrina* Pass.。

7. 茎点霉轮斑病　叶片上病斑为圆形或椭圆形,淡褐色至黑褐色,大小 0.2~1.0 毫米。叶柄上和茎上的病斑为圆形、椭圆形或长条形,淡褐色至黑褐色,长 0.1~1.5 毫米,宽 0.1~0.2 毫米,常凹陷干缩。病情严重时,叶片上病斑密集,茎和叶柄病斑相互汇合,病株枯缩、折断。后期,发病部位表皮下长出多数黑色小粒点(分生孢子器),外表稍隆起。

病原菌为三叶草苜蓿茎点霉豆类变种 *Phoma medicaginis* var. *pinodella* (L. K. Jones) Boerema。

【发病规律】　黄斑病在温暖(23℃~26℃)湿润的季节流行,但匍匐茎腐烂则在较高的温度下发生。病原菌以菌丝体和分生孢子在病株体内或病残体内越冬。壳多孢叶斑病菌和尾孢条斑病菌,也以同样的方式越冬,春季、夏季和秋季则持续发病。

黑斑病菌从春季到秋季持续发生。病叶上产生分生孢子,随风雨传播,不断引起再侵染,病叶枯萎脱落。在晚秋和冬季,脱落病叶上产生子囊壳。春季,子囊孢子成熟并被弹放到空气中,随风传播,成为春季侵染的主要菌源。病原菌还在病叶子座中生成分生孢子器。在秋季高湿条件下,释放出分生孢子。分生孢子也能侵染三叶草叶片。

灰星病、褐斑病和茎点霉轮斑病,多在比较冷凉的地区或季节流行,春、秋季较重。灰星病菌以假囊壳,褐斑病菌以子囊盘,在病残体上越冬,春季放射子囊孢子,在高湿条件下侵染三叶草叶片。茎点霉轮斑病病原菌,则以分生孢子器和菌丝体在病残体中越冬。

草坪管护不良,施肥失当,植株旺长,抗病性降低常导致发病加重。草地郁闭,灌水多而排水困难,小环境湿度高,是各种叶枯病猖獗发生的重要诱因。三叶草遭受冻害、干旱或其他环境胁迫后,生机削弱,叶斑病往往加重发生。

各种叶枯病病原菌都可随种子传带,这对病害的远程传播,特别是传入未发生地区,具有重要作用。

【防治方法】 参见匍柄霉轮斑病的防治方法。

(五)菌 核 病

菌核病是三叶草的毁灭性病害之一。红三叶草、白三叶草以及与禾草混播的三叶草都可能严重发生此病,导致病株霉烂枯死。

【症状识别】 病株根颈、茎基部和底层叶片症状明显。根颈和茎基部湿腐变褐。叶片上初生暗绿色水浸状小病斑,扩展很快,造成全叶软腐。遇到连阴雨天气或高湿环境,大批病株死亡,使草地上出现许多秃斑。在发病部位有白色棉絮状菌丝层。菌丝向外扩展,侵染邻近植株,形成白色枯草团。若高温干旱,病情停止发展,患病组织表皮脱落或成为干腐,土壤表面和病组织上的菌丝层紧缩成白色团块,进而变为黑色菌核。菌核为球形或不规则形,直径为2~10毫米,坚硬,表面粗糙。

菌核病引起根颈、茎基部和底层叶片湿腐,病部及附近地面生有棉絮状白色菌丝和黑色小菌核,易于识别。

【病原菌】 为三叶草核盘菌 *Sclerotinia trifoliorum* Eriksson,属子囊菌亚门。除三叶草外,该菌还侵染多种豆科牧草。

【发病规律】 病原菌以菌核在病残体和土壤中休眠越夏或越冬。病根颈中残存的菌丝体也可越冬。春季地表5厘米深土层以内的菌核萌发,产生子囊盘和子囊孢子。子囊孢子随风雨传播,着落在三叶草叶片上,湿度条件适合时萌发并侵入叶片,形成微小的暗色病斑。温湿度适宜时,病斑迅速扩大,叶片水浸状腐烂,布满白色菌丝。菌丝接触邻近植株叶片,使之发病。病叶片上的菌丝体,还可以沿叶柄和茎部向下发展,直至根颈和根系。天气暖湿时,病叶和病茎可能在几天之内相继死亡。枯死组织布满白色菌丝,约1个月后出现菌核。有些地方的主要侵染菌源,为菌核萌发所产生的菌丝,由菌丝接触传病。

夏季高温炎热,病害发生受到抑制。秋季在温度适宜、湿度大的条件下,菌核病继续发生。冬季寒冷干旱,病害停止发展。

三叶草的根颈罹病后存活时间较长,以至三叶草茎叶病死后,若天气不利于病菌侵染,存活的根颈还可以发出新枝叶。

三叶草种子带菌,种子间也可能混杂有菌核,因而菌核病可随种子远程传播。

【防治方法】

1. 选用抗病、轻病品种 鉴选和种植适于当地生态条件的抗病的或发病较轻的品种。尤应注意选用抗逆性(抗旱、抗寒)较强的品种。

2. 合理管护 增施磷钾肥,提高植株的抗病、抗逆能力。及时清除病枝病叶,冬前彻底清理草地。历年发病严重的草地,可刈割三叶草,深翻土地,将菌核深埋土中,然后换种禾本科草。

3. 药剂防治　发病初期开始喷洒杀菌剂。有效药剂有农利灵（乙烯菌核利）、扑海因（异菌脲）、速克灵、苯菌灵和多菌灵等。

（六）白绢病

白绢病是三叶草的重要根病。在我国南方高温高湿地区严重发生，可造成植株大片枯死。

【症状识别】　发病初期，在主根和大侧根基部，靠近地表处腐烂，呈褐色水浸状。后期病部皮层纵裂，露出木质部组织。严重的茎部和整个根系变为黄褐色而腐烂，病株萎蔫枯死。高湿时，各发病部位长出初为白色，后变为褐色的棉絮状物，即病原菌的菌丝层。菌丝可蔓延到病株周围的土壤表面，在菌丝层表面形成多数菌核。菌核为球形或近球形，直径为0.5～3毫米，外表光滑，初期白色，后变为褐色。

病株枯萎，根颈有水浸状腐烂，变为褐色，明显可见。发病部位生有白色絮状菌丝体和褐色小菌核，可资识别。

【病原菌】　白绢病的病原菌为一种子囊菌，称为齐整小核菌 *Sclerotium rolfsii* Sacc.。该菌寄主植物多达500余种，其中包括禾本科草和许多重要农作物。

【发病规律】　病原菌以菌核在土壤中或病残体上越冬，条件适合时菌核萌发，菌丝体生长蔓延，接触并侵入植物，引起发病。高温（25℃～35℃）、高湿和酸性土壤，有利于病原菌活动。低洼易积水的草坪发病重。

【防治方法】　防治白绢病，要以精细管理为基础。要及时清除病残体枯草层，提高土壤通透性，施用石灰改良酸性土壤，减低田间湿度，加强水肥管理，提高植株生力力。初次发病的草坪,要拔除病株,连同周围土壤一起移走,再客以无病净土。必要时,在土表施药防治。防治白绢病的有效药剂,有五氯硝基苯、退菌特、甲基硫菌灵、代森铵、三唑酮等,可供选择喷用。

(七)炭 疽 病

在我国南方地区常有发生,局部地区严重。除各种三叶草外,炭疽病还严重危害苜蓿、红豆草、百脉根和野豌豆等多种豆科牧草和绿肥作物。

【症状识别】 叶片、叶柄、茎、花器等部位都可被侵染,幼茎和叶片症状最明显。感病植株的茎上初生褐色小斑点,以后扩大成为卵形或梭形略凹陷的病斑。病斑中部色泽较浅,为灰白色或淡褐色,边缘黑褐色。病斑上生有黑色小粒点,即病原菌的分生孢子盘。严重时病斑可相互汇合成不规则形。叶片上初生褐色小斑点,后扩展成为近圆形、角形或不规则形病斑。叶片边缘的病斑多为半圆形或云纹波浪形。病斑中部为浅褐色,边缘为深褐色,病斑上生有多数黑色小粒点。

炭疽病病斑上生有平整的黑色小粒点,用高倍放大镜观察,可见小粒点中有黑色刺毛状突起物(刚毛)。

【病原菌】 炭疽病的病原菌主要为三叶草刺盘孢 *Colletotrichum trifolii* Bain et Essary。

【发病规律】 病原菌主要以菌丝体和分生孢子盘,在病株上和病残体中越冬。春季,越冬病原菌产生分生孢子,随风雨传播,侵染寄主。凉爽湿润的天气适于发病。春、秋两季是主要流行期。有些植株被侵染后,并不表现明显症状,但病原菌在其体内生活,这种现象被称为"潜伏侵染"。三叶草种子可以带菌传病。

【防治方法】 防治炭疽病,需采取以种植抗病品种为主的综合措施。据贵州省的调查,红三叶草的三京和巴车品种,白三叶草的皮托、努冉纳以及本地白三叶等品种,都抗炭疽病。另外,还要使用无病种子,及时清理病残体,加强水肥管理。进行药剂防治,可在发病早期开始喷施杀菌剂。可供选用的药剂,有百菌清、多菌灵、甲基硫菌灵、福美双和炭疽福美等。

(八)北方炭疽病

北方炭疽病仅局部地区发生较重,但潜在危险性较大,需做好监测工作,防止扩大蔓延。

【症状识别】 病株叶柄和茎部幼嫩部位上的病斑为黑色线状,较老部位的病斑为长圆形。病斑为褐色,边缘为黑褐色。幼嫩部位的病斑,可迅速扩展到整个节间,病斑下陷,为溃疡状。茎秆由病斑处折断或成环状弯曲,病斑处以上干枯。病株叶片脱落。在茎的横切面上,可见形成层和维管束变为黑色。由于病株落叶,断茎,病部变为黑褐色,因而整个草坪呈现出类似焚烧过的景象。幼苗被侵染后,叶脉变黑,叶片上出现多角形或卵圆形的病斑。花序染病后,花冠变为淡蓝色,失水后出现枯焦状,花萼上生有内部为浅褐色、边缘为黑色的病斑。高湿时,发病部位生出粉红色霉点(病原菌的分生孢子盘)。

【病原菌】 为茎生球梗孢 *Kabatiella caulivora* (Kirchn.) Karak。

【发病规律】 病原菌在病残体中或在病株上越冬,春季产生大量分生孢子,随风雨传播,在生长季节不断发生再侵染。高湿、凉爽的天气适于发病。草种和品种之间,对此病的抗病性有差异,红三叶草高度感病。

【防治方法】 参见炭疽病防治方法。

四、禾本科草害虫及其防治

坪草害虫按其危害部位的不同,大致可分为两大类:根部害虫和茎叶部害虫。根部害虫也称为地下害虫,其一生全部或大部分时间在土壤中生活,主要危害植物的地下和近地面部分。地下害虫种类很多,包括金龟甲类、金针虫类、蝼蛄类、地老虎类、拟步甲类和土蝽类等。茎叶部害虫是以取食禾草叶、茎等地上部分为主的一类害虫。这类害虫有的以咀嚼式口器蚕食植物的叶片和茎秆,造成孔洞和缺刻,甚至吃光整块地上的禾草,如蝗虫类、蟋蟀类、夜蛾类、螟蛾类和叶甲类等。有的则是以吸收式口器吸食植物汁液,被害叶片褪绿、发黄(白)、卷缩、萎蔫,甚至整株枯死,如蚜虫类、叶蝉类、飞虱类、蝇类、蝽类、盲蝽类和蓟马类等。

(一)金龟甲类

金龟甲类昆虫,属鞘翅目金龟甲总科,危害草坪的是某些金龟甲的幼虫,统称为蛴螬。重要种类有:鳃金龟科的华北大黑鳃金龟、东北大黑鳃金龟、棕色鳃金龟、暗黑鳃金龟、黑绒金龟、鲜黄鳃金龟、小黄鳃金龟等;丽金龟科的黄褐丽金龟、铜绿丽金龟、四斑丽金龟(中华弧丽金龟)、墨绿丽金龟(亮绿彩丽金龟)、茸喙丽金龟等。由于各地的环境条件不同,主要危害的种类也有差异。而同一地区，甚至同一地块，往往有多个种类混合发生。

在常见种类中，华北大黑鳃金龟主要分布于黄、淮、海一带，暗黑鳃金龟主要分布于北方各地，黑绒金龟、黄褐丽金龟、铜绿丽金龟等，在南、北方各地均有程度不同的发生。此外，日本甲虫（日本丽金龟）*Popillia japonica* Newman 是我国进境植物检疫二类有害昆虫，美国的六月鳃角金龟 *Phyllophaga* spp. 和花脸金龟 *Cyolocephala* spp. 等，也都是危险性害虫，应密切注意，防止传入我国。

金龟甲成虫和幼虫均可危害植物，在草坪上以蛴螬危害为主。蛴螬栖息在土壤中，取食萌发的种子，造成缺苗，还可咬断幼苗的根和根颈，造成叶片发黄、萎蔫甚至枯死。蛴螬口器的上颚强大坚硬，咬断植物时断口整齐，可资识别。成虫可蚕食叶片和嫩茎，特别喜食豆科植物，盛发时也能将叶片吃光。

【形态识别】 金龟甲类成虫身体坚硬肥厚，前翅为鞘翅，后翅膜质。口器咀嚼式，触角 10 节左右，末端 3～5 节鳃叶状，并叠成锤形（图 2），中胸有小盾片，前足开掘式。幼虫生活在土壤中，蛴螬型，体柔软多皱，胸足 3 对 4 节，腹部末端向腹面弯曲，肛

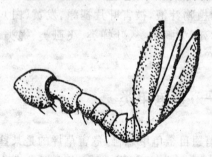

图 2　金龟甲类成虫触角

腹板刚毛区散生钩状刚毛，多数种类还着生刺毛列（彩照 43）。蛹为裸蛹。

1. 华北大黑鳃金龟 *Holotrichia oblita* Fald.　成虫体长

17～21毫米,宽11毫米,长椭圆形,黑褐色,有光泽,胸部腹面有黄色长毛。触角鳃叶状部分3节。前胸背板密布粗大刻点,侧缘向外弯,有褐色细毛。前翅表面微皱,肩凸明显,密布刻点,缝肋宽而隆起,另有3条纵肋。前足胫节外缘有3齿,各足有爪1对。雄性臀板隆起,末端圆尖,两侧上方各有一圆形小坑。腹部末节前腹板中间具三角形凹坑。雌性臀板较长,末端圆钝,腹部末节前腹板中间无三角形凹坑。卵初期长2.5毫米,宽1.5毫米,长椭圆形,白色稍带黄绿色,有光泽。以后逐渐变圆,孵化前近圆球形,长2.7毫米,宽2.2～2.5毫米,洁白有光泽,能透见内部的1对三角形的棕色上颚。幼虫体长35～45毫米,身体向腹面弯曲成马蹄状。头部红褐色,坚硬。腹部末端肛门孔三裂,肛腹板刚毛区只有散生刚毛,而无刺毛列。蛹长21～23毫米,宽11～12毫米,初期为白色,以后逐渐变深,从黄色到红褐色,复眼亦由白色渐变为深色,最后呈黑色。腹末具1对叉状突起。

2. 暗黑鳃金龟 *H. parallela* Mots.   成虫体长16～22毫米,宽7.8～11毫米,长椭圆形。初羽化时红棕色,渐变为红褐色、黑褐色或黑色,无光泽,被黑色或黑褐色绒毛。前胸背板侧缘中间最宽,其前缘具沿,并有成列的边毛,前角钝弧形,后角直而尖。小盾片为宽弧状的三角形。鞘翅两侧近平行,尾端稍膨大,每侧4条纵肋不明显,两肩有稀疏的褐色长缘毛。前胫节有3个外齿,顶部与中部的齿靠近。腹部腹面具青蓝色丝绒光泽。卵的形态近似华北大黑鳃金龟。老熟幼虫体长35～45毫米。肛腹板刚毛区只有散生刚毛,分布不均匀,无刺毛列。蛹体长20～25毫米,宽10～12毫米,尾节三角形,两尾角呈锐角叉开。

3. 黑绒金龟 *Maladera orientalis* Mots.   成虫体长7～8

毫米,宽 4.5～5 毫米,卵圆形,全体黑色或黑褐色,有天鹅绒闪光。触角黄褐色,鳃状部 3 节。前胸背板宽为长的 2 倍。侧缘外阔,前侧角尖锐,后侧角平直,外缘有稀疏刺毛。小盾片盾形,有细刻点和短毛。鞘翅略宽于前胸,上有刻点及绒毛,每个鞘翅还有 9 条纵纹,外缘有稀疏刺毛。前胫节外缘有齿 2 个,后胫节端部两侧各有 1 个端距。腹部光滑,臀板三角形。雌雄触角异形,雄虫棒状部细长,柄节有一瘤状突起,雌虫棒状部粗短,柄部无突起。卵长约 1 毫米,椭圆形,乳白色有光泽,孵化前变暗。幼虫体长 14～16 毫米。肛腹板刚毛区前缘呈双峰状,刺毛列位于刚毛区后缘,横向弧状排列,共有刺毛 14～26根,中间明显中断。蛹体长 8～9 毫米,宽 3.5～4 毫米。触角雌雄同型,均为鞭状,近基部有向前伸的突起。腹部 1～6 节各节背板中央具横向峰状锐脊,尾节近方形,两尾角很长。

4. 黄褐丽金龟 *Anomala exoleta* Fald.　成虫体长 15～18 毫米,宽 7～9 毫米,全体红黄褐色,有光泽。头小,复眼黑色,触角 9 节,淡黄褐色,棒状部雄虫的大,雌虫的小。前胸背板深黄褐色,中央部分稍深,有边框,前缘向内弯,后缘中央向后弯,两侧缘弧形。小盾片三角形,在小盾片前方和前胸背板后缘,密生黄色细毛。每鞘翅具 3 条不明显的纵肋,翅表面点刻密。胸部腹面及足均为淡黄褐色,并密生细毛。卵长约 2 毫米,椭圆形,初产时乳白色,表面光滑,后渐变为黄色。老熟幼虫体长 25～35 毫米。肛腹板有刺毛两列,前段每列有 11～17根短刚毛,约占全毛列长度的 3/4,后段每列有 10～13 根长针状刚毛,约占全毛列长度的 1/4,两列向下渐宽,呈"八"字形。蛹体长 18～20 毫米,黄褐色。

5. 铜绿丽金龟 *A. corpulenta* Mots.　成虫体长 15～19毫米,宽 8～10.5 毫米,背面铜绿色,有金属光泽。头、前胸背板、小盾片色稍深,鞘翅色稍浅,唇基前缘、前胸背板两侧有淡黄褐色条斑。触角9节,黄褐色。前胸背板发达,前缘呈弧形内弯,侧缘呈弧形外弯,前角锐,后角钝。鞘翅纵肋不明显。体腹面黄褐色,密生细毛。足黄褐色,胫、跗节深褐色,前胫节外缘有2个齿,内侧有一棘刺,称为缘距。臀板三角形,黄褐色,常有1～3个铜绿色或古铜色形状多变的斑。雌虫腹面乳白色,末节有一棕黄色横带。卵初产出时椭圆形,乳白色,孵化前近球形,平均长2.5毫米,宽2.2毫米,表面光滑。老熟幼虫体长30～33毫米,肛腹板后部刚毛区有两排刺毛列,每侧15～18根,两侧的刺毛尖部多相遇或交叉。蛹体长18～22毫米,宽9.5～10毫米,长椭圆形,土黄色,稍弯曲。在臀节腹面,雄蛹有四裂的疣状突起,雌蛹无此突起。

【发生规律】

1. 华北大黑鳃金龟的发生　这种大黑鳃金龟多数两年1代,少部分个体一年1代,以成虫或幼虫越冬。以成虫越冬时,当春季10厘米深处地温上升达15℃左右时,开始出土活动,活动盛期适温为25℃。6月上旬至7月上旬为产卵盛期,产卵可延续到9月下旬。6月上中旬开始孵化,孵化盛期在6月下旬至8月中旬,孵化的幼虫在土壤中危害根部。当秋季10厘米深土层温度低于10℃时,即向深处移动,低于5℃时全部进入越冬状态。少部分幼虫可当年羽化,以成虫越冬,一年完成1代。以幼虫越冬的,次年春季当10厘米深地温上升到5℃后,越冬幼虫开始活动,13℃～18℃时最适,幼虫进入危害盛期。6月初开始在土壤中化蛹,化蛹处深度为20厘米左右。7月初开始羽化,7月下旬至8月中旬为羽化盛期,羽化后的成虫当年不出土,在土中潜伏越冬。华北大黑鳃金龟以成、幼虫交替越冬。若以幼虫越冬,次年春季危害重;以成虫越冬时,次年夏、秋季危害重。

华北大黑鳃金龟成虫昼伏夜出,白天潜伏于土中和作物根际,傍晚开始出土活动。尤以 20～23 时活动最盛,午夜后相继入土。成虫具趋光性,对黑光灯趋性强。对厩肥和腐烂的有机物也有趋性。成虫需补充营养,喜食树木和豆科植物的叶片。一生可交配多次,产卵期平均 20 天,每头雌虫产卵平均120 粒。幼虫期均在土壤中渡过。幼虫喜食黑麦草、早熟禾等禾草根部。幼虫在土壤中的活动与土壤温湿度有密切关系。温度直接影响幼虫在土层中的垂直活动。土壤湿度影响幼虫生存。土壤含水量不足 10%,幼虫大量死亡;含水量高于 30%时,幼虫则向土壤深处迁移;含水量在 15%～25%之间,最有利于幼虫生存。

2. 暗黑鳃金龟的发生 一年 1 代,多数以老熟幼虫越冬,少数以成虫越冬。以幼虫越冬的,春季不为害,相继化蛹、羽化。成虫在 7 月份至 8 月中旬产卵,秋季幼虫为害。成虫趋光性较强,飞翔力亦强,喜取食柳、榆及果树的叶子。有定时出土交尾的习性。成虫产卵期和幼虫孵化期的降雨情况,对发生数量有很大影响,7 月份若遇大雨和积水,土壤水分达饱和状态,则初龄幼虫死亡率高,虫口密度迅速下降。

3. 黑绒金龟的发生 在中国北方一年发生 1 代,以成虫在土壤中越冬。次年 4 月上旬越冬成虫出土活动,4 月中旬为盛期。成虫昼伏夜出,有趋光性,取食树木嫩叶,也危害豆类、棉、麻和谷类。6 月上旬,成虫在根部附近深 5～10 厘米处的土壤中产卵。6 月中下旬至 9 月上旬,是幼虫危害期。老熟幼虫潜入 20～30 厘米深的土层中,筑土室化蛹。成虫于 9 月下旬羽化,当年不出土,就地越冬。

4. 黄褐丽金龟的发生 在北方一年发生 1 代,以幼虫在土壤中越冬。次年 3 月上旬,越冬幼虫开始活动。3 月中旬至 4 月份,幼虫在表层土壤中危害禾草根部。5 月上中旬幼虫化蛹,5 月下旬成虫出现,不久后产卵,6 月下旬到 7 月底为产卵盛期。8～10 月份为幼虫危害期,以三龄幼虫越冬。成虫昼伏夜出,有趋光性,喜食花生等植物叶片。黄褐丽金龟多发生在地势较高、土质瘠薄、排水良好的砂壤土中。

5. 铜绿丽金龟的发生 在北方一年发生 1 代,以幼虫越冬。翌春越冬幼虫上升活动,5 月下旬至 6 月中下旬为化蛹期,7 月上中旬至 8 月份是成虫发生期,7 月上中旬是产卵期,7 月中旬至 9 月份是幼虫危害期,10 月中旬后陆续进入越冬,少数以二龄幼虫越冬,多数以三龄幼虫越冬。成虫羽化后 3 天才出土,出土后先行交配,然后再取食,昼伏夜出,黎明前入土。成虫喜食各种树木和果树的叶片,有假死性,趋光性很强。幼虫危害禾本科植物的根和茎,取食薯块和花生荚果时,则咬成孔洞或钻蛀成深坑。幼虫在春秋两季危害最烈。幼虫老熟后化蛹时,从体背部裂开蜕皮,蜕下的皮不皱缩。在田间调查时,可据此与其他蛴螬相区别。

【防治方法】 在播种或植草前,应进行虫情调查,查明金龟甲或其他地下害虫的种类、虫态和数量,预测发生趋势,为制定防治计划提供依据。调查最好在早春或初秋进行。视地块大小,取 10～20 个样点或更多,每样点面积为 0.5 平方米,深 30 厘米(或取 1 市尺见方)。按样点取土仔细检查,记载害虫种类、虫态和数量,计算出样点的平均虫数和单位面积虫数。再参照当地的防治指标,决定是否需要防治或如何防治。

1. 农业防治 草坪播种或植草前,对地块要进行翻耕耙压,机械损伤和鸟兽啄食可压低虫口基数。整地时增施腐熟的有机肥,以改善土壤结构,促进根系发育,增强抗虫能力。适当施用一些碳酸氢铵、腐殖酸铵等化肥做底肥,对蛴螬有一定抑制作用。

2. 诱杀 利用金龟甲类的趋光性,可设置黑光灯诱杀。用墨绿单管黑光灯比普通黑光灯诱虫量高。还可用性诱剂诱杀。

3. 药剂防治 按照草坪播种前的害虫调查结果,若田间虫量超过防治指标,或属于重发生或特重发生级别,应进行药剂防治。

(1)种子处理:50%辛硫磷乳油、50%对硫磷乳油、40%乐果乳油、20%甲基异柳磷乳油诸药剂的用量,均为种子重量的0.1%～0.2%,40%甲基异柳磷乳油则为0.1%～0.125%。拌种时先将定量药剂用种子重量10%的水稀释,然后喷拌于待处理的种子上,堆闷10～15小时,待药液被种子充分吸渗后即可播种。

(2)土壤处理:可用药剂与细土制成毒土,均匀撒施于播前地块的表面,然后翻入土中。也可将药剂与肥料混合,进行条施或沟施。目前在大田作物上,主要采用辛硫磷和甲基异柳磷毒土,以下配制方法可供参考。用50%辛硫磷乳油250～300毫升,加3～5倍水,喷布在25～30千克的细土中,边喷边拌匀,制成毒土后撒施。或用2%甲基异柳磷粉剂2～3千克或用40%的乳油250克,拌细土25～30千克,撒施后浅耕。

(3)其他施药方法:许多金龟甲喜食树木叶片,利用这种习性,成虫盛发期在田间插入药剂处理过的带叶树枝,毒杀成虫。方法是:取长20～30厘米长的榆、杨、刺槐等树枝,浸入40%氧化乐果乳油30倍液中,取出后在傍晚插入田间。或用树叶每667平方米放置10～15小堆,喷洒上40%氧化乐果

800 倍液,诱杀成虫。

此外,发生多量金龟甲成虫时,也可直接喷施 40% 乐果乳油 800 倍液防治。在幼虫发生初期亦可喷洒 80% 敌敌畏乳油、50% 辛硫磷乳油或 50% 马拉硫磷乳油 1 000～1 500 倍液,随后喷水,药液可渗入土中,毒杀幼虫。

4. 生物防治 利用乳状菌 *Bacillus popilliae* 和卵孢白僵菌 *Beauveria tenella* 等生防菌剂防治。

附记:金龟甲类的防治指标,因种类、发生地区、寄主植物不同,差异较大。目前尚未见草坪金龟甲防治指标的研究报道。现列出大田作物防治指标,供参考。北方各地大田作物的防治指标一般为每 667 平方米 2 000 头,相当于每平方米 3 头。若按发生程度分级,以 1 头大黑鳃金龟为标准计算,防治指标的分级标准为:

(1)轻发生:每平方米 1 头,作物受害率为 6%～7%,应选点防治或普遍防治。

(2)重发生:每平方米 3～5 头,作物受害率在 10%～15%,应重点防治。

(3)特重发生:每平方米 5 头以上,作物受害率可达 20% 以上,应采取紧急防治措施。

(二)金针虫类

金针虫,是鞘翅目叩头甲科幼虫的总称,为我国重要的地下害虫。主要种类有沟金针虫、细胸金针虫、褐纹金针虫和宽背金针虫等。沟金针虫分布于长江流域以北,以有机质缺乏、土质较疏松的砂壤旱地发生较多。细胸金针虫在低洼多湿、有机质含量较高的粘土地带,危害较重,主要分布于淮河流域和西北、东北各地。褐纹金针虫常与细胸金针虫混合发生,宽背金针虫在西北和东北的黑钙土、栗钙土地带发生较重。金针虫的成虫期较短，危害不重，主要以幼虫咬食植物种子、幼苗、根和分蘖节，也可将身体钻入根状茎内。受害植株枯萎死亡。草坪上以沟金针虫和细胸金针虫较常见。

【形态识别】　金针虫类的成虫亦称叩头甲，为中小型昆虫。其虫体长形，略扁，末端尖削，体色暗淡。头小，触角锯齿状，前胸背板后缘两角常尖锐突出，背板腹面有向后方突出的刺，嵌在中胸腹板前方的凹陷内。当虫体受压时，前胸可做"叩头"的动作。幼虫（金针虫）为金黄或棕黄色，虫体坚硬，光滑，略扁，细而长。

1. 沟金针虫 *Pleonomus canaliculatus* Fald. 　成虫雌雄异型。雌虫体长 16～17 毫米，宽 4～5 毫米，深栗色，密被金黄色细毛。触角 11 节，长度约为前胸的 2 倍。前胸发达，前窄后宽，宽大于长，背面拱圆，密布点刻，中部有细小纵沟。鞘翅纵沟不明显。雄虫体长 14～18 毫米，宽 3.5 毫米，触角 12 节，丝状细长，可达鞘翅末端。鞘翅长为前胸长的 5 倍，上面的纵沟较明显。3 对足较细长。卵长约 0.7 毫米，宽约 0.6 毫米，近椭圆形，乳白色。老熟幼虫体长 20～30 毫米，宽 4 毫米，全体金黄色，稍扁平，坚硬，有光泽。头前端暗褐色。体背中央有一条细纵沟。尾节黄褐色，背面有近圆形的凹陷，密生细点刻，每侧外缘各有 3 个角状突起，末端分两叉，叉内侧各有一小齿。雌蛹长 16～22 毫米，宽约 4.5 毫米，雄蛹长 15～19 毫米，宽 3.5毫米。初蛹淡绿色，后渐变深。翅达第三腹节，腹部细长（彩照44）。

2. 细胸金针虫 *Agriotes fuscicollis* Niwa　成虫体长 8～9 毫米，宽约 2.5 毫米，密被灰色短毛，有光泽。头、胸部黑褐色，触角红褐色。前胸背板略呈圆形，长大于宽。鞘翅长约为头胸长的 2 倍,暗褐色,密生黄色细毛,其上有 9 条纵列刻点。足赤褐色。卵圆球形,直径 0.5～1 毫米,乳白色。老熟幼虫体长约 23 毫米,宽约 1.3 毫米,体细长,圆筒形,全身淡黄色,有光泽。头部扁平,口器深褐色。尾节圆锥形,背面前缘有 1 对褐色圆斑,其下面有 4 条褐色细纵纹,末端有红褐色小突起。蛹长 8～9 毫米,纺锤形,初期乳白色,后期色变深。

【发生规律】

1. 沟金针虫的发生 该虫三年发生 1 代,以成、幼虫在地下 20～80 厘米深处越冬。翌春当 10 厘米深处地温达 6.7℃时,越冬幼虫开始活动上升,4 月份为幼虫危害盛期。5～6月份温度升高,幼虫又潜入地下 13～17 厘米深处隐蔽,盛夏潜入更深处。直到 9 月下旬至 10 月上旬,幼虫又返回地表层为害,11 月份以后潜入深处越冬。一般在第三年秋季幼虫老熟,在土表下 13～20 厘米处化蛹,蛹期 15～20 天。成虫羽化后当年不出土,在土里越冬。次年成虫为害,3 月底至 6 月份为产卵期,卵产于土层中 3～7 厘米深处,每头雌虫产卵 100 多粒。卵期 5～6 周,幼虫十至十一龄,幼虫期 1 100 多天,成虫寿命220 多天。雌虫无飞翔能力,雄虫飞翔力强,有假死性和趋光性。沟金针虫生活史很长,由于食料、土壤水分和其他环境条件的变化,该虫的发育很不整齐,世代重叠现象严重。在生长季节,几乎任何时间均可发现各龄幼虫。

2. 细胸金针虫的发生 该虫 2～3 年发生 1 代,有少量每年 1 代,还有极少的四年发生 1 代,以成虫、幼虫在土层20～40 厘米深处越冬。在陕西关中,当 10 厘米深处地温达7.6℃～11.6℃,气温 5.3℃后,成虫开始出土活动。4 月中下旬,气温为 13℃时,进入成虫活动盛期。成虫出土活动时间为75 天左右。4 月下旬开始产卵,6 月份为产卵盛期。卵散产于土中,每头雌虫产卵量为 5~70 粒,卵期 15 天。孵化的幼虫秋季为害,冬初潜入土内开始越冬。成虫昼伏夜出,生活隐蔽,略具趋光性,对腐烂植物有趋性,亦喜食新鲜而略萎蔫的青草,但食量小。成虫还有假死性。初孵幼虫体白色半透明,仅口器端部黄褐色,性活泼,有自残性,但大龄幼虫行动迟钝。老熟幼虫在 20~30 厘米深处土层化蛹,蛹期平均 1~2 个月。9 月下旬成虫羽化后不出土,即在土中越冬。

以上两种金针虫均喜地温 11℃~19℃的环境,因此在春季 4 月份和秋季 9~10 月份危害重。地温偏高时,潜入土壤深层栖息。沟金针虫适于旱地生存,但土壤湿度也需在 15%~18%。细胸金针虫则以 20%~25%的土壤湿度为适,甚至短期浸水反而有利。成虫产卵需足够的水分,卵在水中的孵化率可达 90%以上,春季多雨年份幼虫危害加重。

【防治方法】

1. 农业防治　沟金针虫发生较多的草坪应适时灌水,经常保持草坪湿润状态可减轻危害。而细胸金针虫较多的草坪,要保持坪地干燥,以减轻危害。

2. 药剂防治　用 5%辛硫磷颗粒剂撒施,用药量为每公顷 30~45 千克。若个别地段发生较重,可用 40%乐果乳油或 50%辛硫磷乳油 1 000~1 500 倍液灌根。

(三)蝼 蛄 类

蝼蛄,属直翅目蝼蛄科。危害坪草的蝼蛄,有单刺蝼蛄(华北蝼蛄)和东方蝼蛄。单刺蝼蛄主要分布于北纬 32°以北广大地区,以黄河流域为多。东方蝼蛄在我国大部分地区均有分布,以南方受害较重。两种蝼蛄的成虫和若虫,均在土中咬食刚发芽的种子、根及嫩茎,使植株枯死。这类害虫还可在土壤表层穿掘隧道,咬断根或掘走根周围的土壤,使根系吊空,造成植株干枯而死亡。对刚播种或刚栽植匍匐枝的草坪,危害较重。

【形态识别】

1. 单刺蝼蛄 *Gryllotalpa unispina* Saussure　雌成虫体长约 45 毫米,最大可达 66 毫米。雄虫体长约 39 毫米,最长达 45 毫米。全体黄褐色。头小,狭长,近圆锥形,触角丝状。前胸背板卵圆形,中央具一长心脏形斑,大而凹陷不明显。腹部末端近圆筒形。腿节内侧外缘弯曲,缺刻明显。后足胫节背面有刺 1 根,故称单刺蝼蛄,但有的刺消失。卵椭圆形,初产时长 1.6～1.8 毫米,宽 1.3～1.4 毫米,乳白色有光泽,后渐变黄褐,孵化前长 2.4～2.8 毫米,暗灰色。若虫共十三龄。初孵若虫体长 3.6～4.0 毫米,头胸部细长,腹部肥大,全体乳白色,但复眼淡红。随着龄期的增长,体色逐渐加深。五至六龄时,体色近于成虫。末龄若虫体长 36～40 毫米(图 3)。

2. 东方蝼蛄 *G. orientalis* Burmeister　成虫雌虫体长约 35 毫米,雄虫体长约 30 毫米,全体灰褐色,密被细毛。前胸背板中央心脏形斑小而凹陷明显,腹部末端近纺锤形。前足腿节内侧外缘较平直,缺刻不明显,后足胫节背面内侧有刺 3～4 根,其他同单刺蝼蛄(图 3)。卵初产出时长约 2.8 毫米,宽 1.5 毫米,长椭圆形,乳白色,有光泽,后渐变黄褐色。孵化前长约 4 毫米,宽约 2.3 毫米,呈暗褐色或暗紫色。若虫共 8 龄,初孵若虫长约 8 毫米,乳白色,二至三龄后体色接近成虫,末龄若虫体长 22～24.8 毫米。

【发生规律】

1. 单刺蝼蛄的发生　该虫在我国三年发生 1 代,以成虫

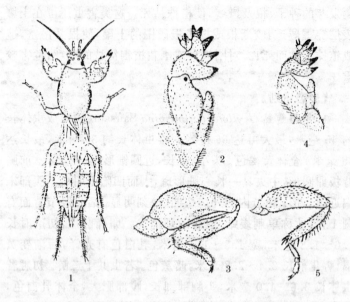

图 3 蝼蛄

1. 单刺蝼蛄成虫　2. 单刺蝼蛄前足　3. 单刺蝼蛄后足
4. 东方蝼蛄前足　5. 东方蝼蛄后足

和若虫在土层内 1～1.3 米深处越冬。翌年 4 月上中旬地温回升后，越冬虫态出土为害，一般 4 月底到 6 月份是为害盛期，这期间表土层出现大量隧道。成虫于 6 月上旬开始产卵，7 月份为产卵盛期。

单刺蝼蛄对产卵场所有一定选择，一般在盐碱性地块产卵较多，粘土、壤土地产卵较少。产卵前先在土表拱出一个 10 厘米长的虚土堆，然后向下在约 10 厘米深处筑一运动室，再向下在离土表 20 厘米深处筑一个卵室，最后在离土表 30 厘米深处筑一隐蔽室，供产卵后栖息。每卵室可产卵 100 多粒，每头雌虫平均产卵 300～400 粒。雄虫交配后立即逃窜，否则将被雌虫捕食。雌虫则一直守护产卵场所，直至若虫发育到二至三龄，能够分散营独立生活时为止。卵期 15～25 天，平均 21.6 天，7 月初开始孵化。若虫三龄前群集，三龄后分散。小龄若虫多以嫩茎为食。第一年越冬若虫为八至九龄，第二年越冬若虫为十二至十三龄，第三年以刚羽化未交配的成虫越冬。成虫期长达 9 个月以上，危害最重。一年有春秋季两个危害高峰期。

蝼蛄昼伏夜出，晚上 9～11 时活动取食最活跃。成虫趋光性强，但因身体粗笨，飞翔力弱，只在闷热且风速小的夜晚才能被大量诱到。对马粪和甜物质也有趋性，喜食半熟的谷子和炒香的豆饼和麦麸，喜在潮湿的土壤中生活。土层 10～20 厘米深处，土壤含水量 20% 左右时，活动最盛，低于 15% 时活动减弱。若虫在蜕皮前有一个停止活动的过程，羽化前要停止活动 2～3 周。

2. 东方蝼蛄的发生　该虫在黄河以南每年发生 2 代，黄河以北每年发生 1 代，以成虫和若虫在地下越冬。4 月上旬开始活动，并迁向地表，5～6 月份是第一次危害高峰期，7～8 月份转入地下活动并产卵。产卵前先在土表顶起一小堆虚土，向下挖一条隧道，隧道口用干草封好，并向下在 20 厘米深处筑一个梨形的卵室，在其中产 50～60 粒卵，产后在卵室下的隧道中隐蔽。产卵期 3～4 个月，每头雌虫产卵 100 多粒，卵期 15～28 天。当年的若虫可发育至四至七龄。若虫在土层 40～60 厘米深处越冬，第二年春、夏再发育至九龄。成虫羽化后大部分不产卵即越冬，翌年 5～6 月份产卵后死亡，寿命约 12 个月。该虫亦喜潮湿和香甜物质，趋光性强，黑光灯可诱到成虫。

【防治方法】

1. 挖窝灭卵　播种后未出苗前，可根据两种蝼蛄卵窝在地面的特征向下挖卵窝灭卵。单刺蝼蛄卵窝地面有约 10 厘米长的新鲜虚土堆,东方蝼蛄顶起 1 个小圆形虚土堆,向下分别挖 15～20 厘米深即可发现卵窝,再向下挖 8～10 厘米即可发现雌虫,可一并消灭。在草坪草较密较厚、看不见虚土堆的情况下,可在 6～8 月份产卵盛期,根据禾草成行或成条枯萎、枯死的症状,向根下挖掘,可找到隧道,然后跟踪挖窝灭卵。

2. 诱杀 毒饵诱杀可用 90%晶体敌百虫、40%乐果乳油或 40%甲基异柳磷乳油等药剂,用药量为饵料量的 1%。常用饵料有炒香的谷子、米糠、麦麸、豆饼和棉籽饼等。先用适量的水将药剂稀释,然后喷拌饵料,制成毒饵,每平方米施用 2.25～3.75 克。配制敌百虫毒饵时,应先用少量温水将晶体溶解。此外,还可利用蝼蛄趋光性强的习性,设置黑光灯诱杀。

3. 药剂拌种或土壤处理 在常发、重发地带,可行药剂拌种或土壤处理。常用拌种药剂有 50%辛硫磷乳油、40%乐果乳油或 40%甲基异柳磷乳油等,用药量为种子重量的 0.1%～0.2%。将定量的药剂加水稀释成 5～10 倍液,用喷雾器喷拌种子,拌药后将种子堆闷 6～12 小时后播种。

土壤处理,可将药剂均匀喷施或撒施于地面,然后浅犁入土。常用药剂有 50%辛硫磷乳油(用药量每平方米 0.37～0.45 毫升),40%甲基异柳磷乳油(用药量每平方米 0.37～0.45 毫升),4.5%甲敌粉(用药量每平方米 2.25～3.75 克),2%甲基异柳磷粉剂(用药量每平方米 2.25～3.75 克),3%甲基异柳磷颗粒剂(用药量每平方米 3.75 克),5%辛硫磷颗粒剂(用药量每平方米 3.75 克),5%喹硫磷颗粒剂(用药量每平方米 0.74 克)等。还可将药剂混拌成毒土,均匀撒在地面上,然后浅犁。乳油与粉剂可按每平方米用药量,拌 30～45 克细土,颗粒剂拌 30～37 克细沙或煤渣。此外,用 50%辛硫磷乳油 1 000 倍液灌根,效果亦好。

(四)地老虎类

地老虎类,属鳞翅目夜蛾科,是我国重要的一类地下害虫,种类多,分布广,危害重。主要种类有小地老虎、黄地老虎、大地老虎、灰地老虎、三角地老虎、八字地老虎和白边地老虎等。小地老虎属世界性害虫,国内分布相当普遍,河流的冲积平原和河谷地带尤多。黄地老虎和大地老虎多与小地老虎混合发生。其他几种地老虎一般发生较少,有的在局部地区或个别年份发生较多。

地老虎是多食性害虫,除危害草坪外,还可危害多种蔬菜、禾本科作物及棉花、烟草等经济作物,取食多种牧草及杂草。地老虎主要以幼虫危害植物的幼苗。小龄幼虫将叶子啃食成孔洞、缺刻,大龄幼虫白天潜伏于根部土壤中,傍晚和夜间切断近地面的茎部,致使整个植株死亡。发生数量多时,往往会使草坪大片光秃。

【形态识别】 夜蛾类成虫多数为中型,翅色多数为暗灰色,常具斑点及条纹,后翅浅灰色,静止时翅多呈屋脊状。卵一般为球形、半球形或椭圆形等。幼虫体多光滑,体色变化较大。腹足多为 3~5 对。

1. **小地老虎** *Agrotis ypsilon* (Rott.) 成虫体长 16~23 毫米,翅展 42~54 毫米,全体黄褐色至褐色。雌蛾触角丝状,雄蛾触角双栉齿状。前翅长三角形,前缘至外缘之间色深,从翅基部至端部有基横线 、内横线、中横线、外横线、亚外缘线和外缘线。内横线与中横线之间,以及中横线与外横线之间,分别有 1 个环状纹和肾状纹,内横线中部外侧有 1 个楔状纹,在肾状纹与亚外缘线间有 2 个指向内方，1 个指向外方，共计 3 个剑状纹（图 4）。后翅灰白色，脉纹及边缘色深。腹部灰黄色。卵直径约 0.5 毫米，半球形，表面有纵横隆起线，顶端中心有精孔。初产出时白色，后渐变黄色，近孵化时淡灰紫色。老熟幼虫体长 37～47 毫米，长圆柱形。头黄褐色，胴部灰褐色，体表粗糙，布满圆形深褐色小颗粒，背部有不明显的淡紫色纵带。腹部 1～8 节背面各节各有前、后两对毛片，前 1 对小且靠近，后 1 对大而远离。臀板为黄褐色，其上有 2 条黑褐色纵带（彩照 45）。蛹体长 18～24 毫米，赤褐色，有光泽，末端色深，具一对分叉的臀棘（彩照 46）。

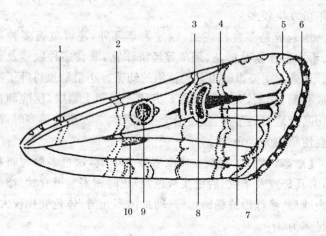

图 4　小地老虎成虫前翅特征

1. 基横线　2. 内横线　3. 中横线　4. 外横线　5. 亚外缘线
6. 外缘线　7. 剑状纹　8. 肾状纹　9. 环状纹　10. 楔状纹

2. 黄地老虎 *A. segetum* Schiff.　成虫体长 14～19 毫米，翅展 32～43 毫米，全体黄褐色。雌蛾触角丝状，雄蛾双栉齿状。前翅基线、内横线、外横线等各线均不明显。环状纹、肾状纹和楔状纹均明显,各斑纹均有深色的边缘。后翅灰白色。卵高约 0.5 毫米,长约 0.7 毫米,扁半球形,上有纵横脊起。初产出时乳白色,后渐出现淡红色斑纹,孵化前变为灰黑色。老熟幼虫体长 33～45 毫米,圆筒形,黄褐色,体表光滑,无小颗粒。腹部 1～8 节各节背面的毛片,后 1 对略大于前 1 对。腹足趾钩单序中带式。蛹体长 16～19 毫米,红褐色,腹部 5～7 节背面前缘有 1 条黑纹,纹内具小而密的坑,腹末有 1 对粗刺。

【发生规律】

1. 小地老虎的发生 我国各地发生的代数不同,在东北、内蒙古和西北地区的中、北部,每年发生 2～3 代,在华北地区一年发生 3～4 代,在西北地区东部一年发生 4 代,在华东地区一年发生 4 代,在西南地区一年发生 4～5 代,在华南地区一年发生 6～7 代。小地老虎的越冬虫态,各地亦有差异。在我国北纬 33° 以北地区,至今尚未查到它的越冬虫源,越冬虫态不能肯定。有人认为,北方春季虫源可能是由南方迁飞而来的。北纬 33° 以南至南岭以北地区,小地老虎主要是以幼虫和蛹越冬。南岭以南地区,小地老虎可终年繁殖为害。各地小地老虎不论一年发生几代,均以第一代发生数量多、时间长、危害重。北京地区,小地老虎每年发生 3～4 代,3 月下旬出现成虫。成虫第一次高峰期为 4 月初,第二次高峰期为 4 月 20 日左右。第一代幼虫危害盛期为 5 月上旬。陕西关中地区,小地老虎每年发生 4 代,第一代成虫盛期在 3 月中旬至 4 月下旬,第一代幼虫危害期在 4 月中旬至 5 月下旬,5 月份是危害盛期。

小地老虎成虫昼伏夜出,尤以黄昏后活动最盛,飞翔力很强。成虫活动受气温影响明显,16℃～20℃ 时活动最盛,低于 8℃ 或有大风、降雨的夜晚,一般不活动。成虫需补充营养 3～

5天,对黑光灯、糖蜜、发酵物具有明显的趋性。成虫交配后即可产卵,卵多产于植物茎叶上,以高度3厘米以下的幼苗叶背和嫩茎上为多,也有一部分产在土面上。卵多数散产,每头雌虫产800~1 000粒,亦有2 000多粒的,卵期7~13天。

小地老虎幼虫六龄,少数个体有时可达七至八龄。幼虫三龄前昼夜为害,主要啃食叶片,因食量较小,只造成小孔洞和缺刻,一般危害不重。三龄后昼伏夜出,白天潜伏在根部周围土壤里,夜间出来食害,从茎基部将植株咬断,造成缺苗缺株,五至六龄取食量最大。幼虫耐饥力也较强,三龄以前可耐饥3~4天,三龄以后可耐饥15天。但在食物缺乏情况下,个体之间常自相残杀。因春季气温较低,第一代幼虫历期可长达30~40天。幼虫老熟后,在土层6~10厘米深处筑土室化蛹,蛹有一定耐水能力,但进入预蛹期以后,水淹后易死亡。

2. 黄地老虎的发生 在东北和内蒙古地区,黄地老虎每年发生2~3代,在华北地区,每年发生3~4代,在长江流域,每年发生4代。各地均以幼虫在土壤10厘米左右深处越冬。该虫以春秋两季危害重。在华北地区,4月中下旬是化蛹盛期,4月中旬至5月上旬是发蛾盛期,5月中旬是产卵盛期,5月中下旬是幼虫危害盛期。在长江流域,5月中旬至6月上旬是黄地老虎危害盛期。

黄地老虎成虫昼伏夜出,对黑光灯有趋光性,但趋化性较弱。成虫经补充营养后交配,产卵于禾草的根茬上、茎上和叶上,几十粒卵成串排列。产在其他植物上时,2~3粒或6~7粒聚产,每头雌虫产卵1 000~2 000粒。幼虫三龄前在心叶取食,危害不重;三龄后昼伏夜出,可咬断幼苗,造成严重危害。

引起地老虎类猖獗发生的原因,主要有:①适宜的温湿度。地老虎类喜温暖的气候,过高或过低的温度对它的生长发育都不利。月均温度为 13℃～25.8℃时,小地老虎各虫态的生长发育均最适宜;若月均温达 25℃～29.3℃时,其发生数量显著减少;超过 30℃时,成虫不能产卵,且寿命缩短;若继续升温,会引起大量死亡。温度过低亦对它不利。在-5℃时,幼虫经 2 小时即死亡。地老虎喜潮湿,在湿润地区多有分布。上一年秋季降雨多,第二年春季小地老虎发虫量大,危害重。积水多,幼虫经长时间淹水后死亡,虫口密度大量下降。高湿多雨时,对黄地老虎也不利,其种群数量会下降。幼虫孵化与存活的最适土壤含水量为 40%～60%。②土壤适合,蜜源植物多。在壤土、粘壤土、砂壤土等土质疏松、团粒结构好、保水性能强的土壤中,地老虎发生多。蜜源植物多的地方,成虫易于补充营养,发虫数量大,危害重。③ 虫源多,天敌少。在北方,春季发蛾量大、发蛾集中的年份,往往第一代危害重。地老虎的天敌种类很多,捕食性的有步甲、草蛉、食虫虻、蟾蜍、蜘蛛和鸟类等,寄生性的有姬蜂、寄生蝇、线虫和多种病原微生物。其中较重要的有中华广肩步甲、甘蓝夜蛾拟瘦姬蜂和螟蛉绒茧蜂等。当天敌较多时,地老虎的发生数量显著下降。

【防治方法】

1. 诱杀成虫和幼虫 利用黑光灯、糖醋液、泡桐树叶和雌虫性诱剂等,均可诱杀。黑光灯诱杀装置设置时间,为 3 月初至 5 月底。灯下放置毒瓶,或放置盛水的大盆或大缸,水面洒上机油或农药。糖醋液用红糖 6 份,米醋 3 份,白酒 1 份,水 2 份,加少量敌百虫配制,放在小盆或大碗里,于天黑前放置在草坪上,天明后收回,收集蛾子并深埋处理。为了保持诱液的原味和原量,每晚加半份白酒。每 10～15 天更换一次诱液。此法既可用于虫情测报,也可用于防治。利用泡桐树叶诱虫,是在黄昏后,于田间放置泡桐叶片,每 3～5 片叶放一小堆,每

667 平方米地放置泡桐树叶 80 片左右,黎明时掀起树叶捕杀幼虫,放置一次效果可持续 4～5 天。

2.人工捕杀幼虫 发生数量不大时,在被害植株的周围,用手轻轻扒开表土,捕捉潜伏的幼虫。自发现受害株后,每天清晨捕捉,坚持 10～15 天,即可见效。

3.药剂防治 药剂防治应抓住时机,在幼虫三龄前进行,效果最好。计算小地老虎防治适期有多种方法。有的地方以春季发蛾高峰日为基准,预计若干天后进入防治适期。此"若干天",是指将一龄幼虫历期与二龄幼虫历期一半相加所得的天数。有的地方以田间卵孵化率达到 80% 时为防治适期。具体施药方法如下:

(1)**施毒土**:将 2.5% 敌百虫粉 1.5 千克与 22.5 千克细土混匀,然后均匀地撒在田间。

(2)**喷粉**:用 2.5% 敌百虫粉,以每公顷 30～37.5 千克的用药量喷粉。若需要,1 周后再喷 1 次。

(3)**喷雾**:用 90% 晶体敌百虫 800～1 000 倍液,或 50% 二嗪磷(地亚农)乳油 1 000 倍液或 50% 辛硫磷乳油 1 000 倍液等药剂喷雾,对三龄前幼虫防治效果好。

(4)**毒饵诱杀**:用 90% 敌百虫 0.5 千克,加水稀释 5～10 倍,喷拌铡碎的鲜菜叶、苜蓿叶等 50 千克,制成毒饵。傍晚,将其成小堆撒在田间,诱杀幼虫。有的地方也可用豆饼、油渣、棉籽饼、麦麸作诱饵,方法是将粉碎过的豆饼等 20～25 千克炒香后,用 50% 辛硫磷或 50% 马拉硫磷 0.5 千克稀释 5～10 倍的药液,喷拌均匀制成。然后按每公顷 30～37.5 千克的用量,将毒饵撒入田间。还有的地方用 50% 敌敌畏乳油 1 000 倍液喷拌莴笋叶,然后放入田间,毒杀效果也好。

（五）蝗 虫 类

蝗虫类,属直翅目蝗总科,是农、林、牧和绿化业的一类重要害虫。食害坪草的蝗虫多为土蝗,偶尔也可见到东亚飞蝗。常见的土蝗种类很多,主要有中华蚱蜢(异色剑角蝗)、短额负蝗、蒙古疣蝗、黄胫小车蝗和笨蝗等。蝗虫食性很杂,可取食多种植物,但较嗜好禾本科和莎草科植物,喜食草坪禾草。短额负蝗喜食双子叶植物。成虫和若虫(蝗蝻)蚕食叶片和嫩茎,大发生时可将植株吃成光秆或把它全部吃光。

【形态识别】 蝗虫虫体粗壮,触角丝状,少数种类为剑状或锤状,其长度短于虫体。口器咀嚼式。前胸背板发达,可盖住中胸。足有基节、转节、腿节、胫节和跗节,末端有 2 个爪,其间为中垫。3 对足的跗节均为 3 节,后足多为跳跃式,腿节发达(图 5)。多数种类具二对发达的翅。雄虫能以后足腿节摩擦

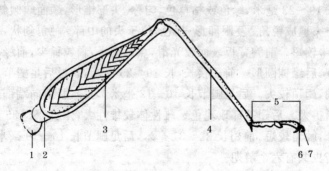

图 5　蝗虫的后足
1. 基节　2. 转节　3. 腿节　4. 胫节
5. 跗节　6. 中垫　7. 爪

前翅而发音。产卵器短粗,锤状或凿状。尾须短而分节。卵圆柱形,中部较粗,顶端钝圆或狭圆。卵壳表面光滑或有花纹。蝗卵通常被一些物质所包裹而形成卵囊。卵囊内上部为泡沫状物质,下端为卵室,藏有卵粒。若虫亦称蝗蝻,共五龄或六龄。

1. 中华蚱蜢 *Acrida cinerea* Thunb　成虫体细长。雄成虫体长 30～47 毫米,雌成虫体长 58～81 毫米,草绿色或枯草色。头长,头顶向前方突出成圆锥形。复眼长卵形,着生于头部前端。触角剑状,较短,基部数节较宽。前胸背板宽平,具小颗粒,侧片后下角呈锐角,向后突出。前翅发达,狭长,长 25～36 毫米,翅顶尖锐,后翅略短于前翅,长三角形。后足腿节细长。雌虫产卵瓣短粗。有的个体复眼后、前胸背板侧片上部和前翅肘脉域,具宽淡红色纵纹。枯草色个体有的沿中脉域有黑褐色纵纹,沿中闰脉有一列较细淡色斑点。其若虫有六个龄期(彩照47)。

2. 短额负蝗 *Atractomorpha sinensis* Bol.　成虫雄性体长 19～23 毫米,绿色或枯草色,匀称。头部锥形,颜面颇倾斜,与头顶成锐角。复眼卵形,褐色,位于头的中部。触角剑状,17节,较短。前胸背板表面较光滑,点刻细小,颗粒稀少,前缘平直,后缘钝圆形。前翅狭长,长 19～25 毫米,超过后足腿节顶端,翅顶较尖。后足腿节长 10～13 毫米,匀称,胫节向端部逐渐扩大。后翅基部玫瑰色。雌性体较雄性大,体长 28～35 毫米,触角较短。前翅长 22～31 毫米,后足腿节长 16～19 毫米。若虫共有六个龄期。

3. 蒙古疣蝗 *Trilophidia annulata mongolica* Sauss.　成虫雄性较小,体长 11.7～16.2 毫米。雌性体较雄性略大,体长 15～26 毫米。体黄褐、暗褐或暗灰色,常与生活环境色相一致。腹面和足密生细绒毛。头短,头顶较宽,顶端钝圆,后头在复眼之间有 2 个圆形颗粒状隆起。复眼卵形,大而突出。触角丝状,20～21 节,超出前胸背板后缘。前胸背板中隆线高,被两条横沟深切,成两齿突;侧面具 3 对瘤突,第一对大而突出,侧隆线在沟后区明显。前后翅发达。前翅狭长,雄虫前翅长 12～18 毫米,雌虫翅长 15～25 毫米。翅顶圆形,超过后足腿节顶端,散生黑色斑点。后翅基部黄绿色透明,其余部分烟色。前后翅端部翅脉上均具发音齿。后足腿节上侧有 3 个暗色横斑,内侧黑色,端部有 2 个淡色斑,胫节暗褐色,中部有 2 个淡色环。若虫共有五个龄期。

4. **笨蝗** *Haplotropis brunneriana* Sauss. 成虫中大型。雄性体长 28～37 毫米,前翅长 6～7.5 毫米。雌性体长 34～49 毫米,前翅长 5.5～8 毫米。体黄褐、褐或暗褐色,表面具粗密的颗粒和隆线。头顶短,三角形,复眼卵形,触角丝状。前胸背板中隆线呈片状隆起,侧面观弧形。前翅鳞片状,长度达不到或刚达到第一腹节后缘。后足腿节上侧有 3 个暗褐色横斑,基部 1 个较小,不明显。后足胫节上侧青蓝色,底侧黄褐色。腹部有不规则的黑色小点。若虫共有五个龄期。

5. **黄胫小车蝗** *Oedaleus infernalis* Sauss. 成虫雄性体中大型,体长 20.5～25.5 毫米。头大而短,复眼卵形,大而突出,触角丝状,超过前胸背板后缘。前翅发达,长 19～23 毫米,超过后足腿节顶端,超出部分为后足腿节长度的 1/3 或 1/2。后足腿节略粗壮,长 12～14 毫米。尾须圆柱状。雌性体大而粗壮,体长 29～35.5 毫米,触角未达到或刚达到前胸背板后缘。前翅长 29.7～31 毫米,前翅超出后足腿节顶端的部分短于后足腿节长度的 1/4。后足腿节长 17～20 毫米。体暗褐色或绿褐色,少数为草绿色。前胸背板上方有淡色"X"形纹,该纹在沟后区宽于沟前区(彩照 48)。前翅端半透明,散布暗褐色斑块,基部斑纹大而密。后翅基部淡黄色,中部具一较狭的暗色轮纹。后足腿节从上侧到内侧有 3 个黑斑,雄性下侧内缘红色,而雌性下侧内缘以及后足胫节为黄色。若虫有五个龄期。

6. 东亚飞蝗 *Locusta migratoria manilensis* Mayer 成虫雄性体长 33.5～41.5 毫米,通常为绿色或黄绿色,因类型和环境不同而有所变异。颜面垂直,与头顶形成圆弧状。触角丝状,淡黄色。前胸背板中隆线发达。前翅褐色,翅长 32.3～46.8 毫米,具多个暗色斑纹。后足腿节 17.5～23.2 毫米,淡黄色略带红色。雌性体长 39.5～51.2 毫米,前翅长 39.2～51.8 毫米,后足腿节长 19.0～28.7 毫米。其他与雄虫相似。若虫共有五个龄期。

【发生规律】 蝗虫一般每年发生 1～2 代,绝大多数以卵块在土中越冬。在冬暖或雪多的情况下,地温较高,有利于蝗卵越冬。4～5 月份温度偏高,卵发育速度快,孵化早。秋季气温高,有利于成虫为害和繁殖。在多雨年份,土壤湿度过大,蝗卵和幼蝻死亡率高。干旱年份,虫量大,危害重。草地上多种蝗虫常混合发生。蝗虫天敌较多,主要有鸟类、蛙类、益虫、螨类和病原微生物等。有的地方在 5 月下旬,蝗螨对笨蝗的寄生率可高达 92%。

东亚飞蝗在我国北方地区每年发生 1～2 代,以卵囊在土中越冬。在 2 代区,越冬代称夏蝗,第一代称秋蝗。干旱季节取食量较大,四龄后日食量可达体重的 20 倍以上。每头雌虫产卵 4～5 块,平均一年共产卵 300～400 粒。以禾本科为食者,产卵量显著增高。东亚飞蝗成虫有群集迁移习性,飞迁距离可达数百公里,飞行高度最高可达 1 000 米。东亚飞蝗在生长发育过程中,由于受到种群密度和生态条件的影响,可形成群居型和散居型两种群体,两者可相互变换。在城市绿地,东亚飞蝗少见。

【防治方法】

1. 喷药防治　发生量较多时,可采用药剂防治。可用2.5%敌百虫粉剂、3.5%甲敌粉剂或4%敌马粉剂喷粉,每公顷用药30千克。也可用50%马拉硫磷乳油、40%乐果乳油1 000～1 500倍液喷雾。

2. 毒饵防治　用麦麸(米糠、玉米糁、高粱糠、马粪亦可)100份,加水100份,再加1.5%敌百虫粉剂2份,混合拌匀制成,每公顷用22.5千克。也可用鲜草100份,切碎,加水30份,拌入上述药量,每公顷用112.5千克。随配随撒,阴雨、大风、温度过高或过低时不宜使用。

3. 人工捕捉　数量不多时,可用捕虫网全面捕捉,减轻危害。

(六)蟋 蟀 类

蟋蟀类属直翅目蟋蟀科。危害草坪的蟋蟀类,主要有油葫芦、黑油葫芦、大蟋蟀、家蟋蟀、棺头蟋、大棺头蟋蟀、狭棺头蟋蟀、姬蟋蟀和斗蟋蟀等。其中以油葫芦和棺头蟋最常见。蟋蟀的成虫、若虫蚕食禾草和其他植物的叶、茎,先咬成缺刻和孔洞,再将整体吃光。在缺乏食料时,还啃食草根,毁灭草坪。蟋蟀群集性较强,多于秋季大量发生,低洼、潮湿的草坪受害较重。

【形态识别】　蟋蟀身体粗壮,色暗;触角丝状尖细,比身体长;产卵器细长箭状,尾须长,不分节。

1. 油葫芦 *Gryllus tostaceus* Welk.　成虫体长26～28毫

米,翅长约 17 毫米,全体黄褐色,头顶黑色。前胸背板前缘隆起,与两只复眼相接。前胸背板黑褐色,可见 1 对模糊的角形斑纹。雄虫光亮的黑褐色前翅长达尾端,后翅发达,露出腹端如长尾。后足胫节背面有长刺 5~6 个。雌虫产卵管明显长于后足,箭状(彩照 49)。

2. 棺头蟋 *Loxoblemmus doenitai* Saus. 成虫体长 15~20 毫米,翅长 9~12 毫米,全体黑褐色。雄虫头顶显著向前突出,俗称"棺材头"。前缘弧形黑色,后面有一橙黄色或赤褐色横带。颜面深褐色至黑色,扁平向前倾斜,下缘前端有一黄斑。前胸背板宽度大于长度,侧板前缘长,后缘短,形成下缘倾斜。下缘前端有一黄斑。前翅长达尾端,后翅细长,露出腹端如长尾,但常脱落而仅留痕迹。足淡黄褐色,散生黑褐色斑点,前足胫节基部内外都有听器。外侧的较大,椭圆形;内侧的小,为圆形。雌虫头倾斜度小,向两侧突出。前翅达不到尾端,产卵管短于后腿节。

【发生规律】

1. 油葫芦的发生 一年发生 1 代,以卵在土壤内越冬。在北京地区,油葫芦的越冬卵 4~5 月份孵化,4 月下旬至 8 月初为若虫发生期。若虫日夜活动,取食为害。成虫于 5 月下旬起陆续羽化,雌虫较雄虫羽化略晚。9~10 月份交配产卵,卵产于草地表土下约 2 厘米深处。成虫寿命长达 145 天。成虫白天很少活动,隐藏于草株间和砖石土块下。夜晚出外活动、取食和交尾。雄虫筑巢与雌虫同居,有时自相残杀。夜晚雄虫发出引诱雌虫的鸣声。

2. 棺头蟋的发生 一年发生 1 代,以卵在土壤中越冬。次年 4~5 月份越冬卵孵化,8~9 月份羽化为成虫。成虫和若虫都可日夜活动取食,但若虫多白天取食,成虫多夜间取食。9~

10 月份,雌虫交配产卵。卵多产于草多处的疏松表土下。若虫和成虫多栖息于垃圾堆、砖石堆和草丛中。成虫有弱趋光性。雄虫夜晚鸣声多以 7 个音节为一组,又名"七音蟋"。

【防治方法】

1. 保持草地清洁 清除草坪内和草坪周围的垃圾、砖石和杂草,减少蟋蟀栖息场所。

2. 药剂防治

(1)喷雾:每公顷用 90%晶体敌百虫 450 克,50%对硫磷乳油 450 克或 2.5%溴氰菊酯乳油 75～150 毫升,对水喷雾。

(2)喷粉:每公顷用 4.5%甲敌粉 30 千克,或 2.5%对硫磷粉剂 30 千克喷粉。可在黄昏从草地四周逐渐向中心喷粉,以防蟋蟀向外逃窜。

(3)诱杀:将 1 份 90%晶体敌百虫用 30 倍温水化开,喷洒在 100 份炒香的麸皮上,边喷边混拌均匀,制成毒饵,于黄昏时撒施草地,可诱杀蟋蟀。

(七)夜 蛾 类

夜蛾类昆虫,属鳞翅目夜蛾科。危害禾草草坪的夜蛾类昆虫很多,主要有斜纹夜蛾、粘虫、劳氏粘虫、稻螟蛉、冬麦异夜蛾、淡剑纹夜蛾、甜菜夜蛾、灰翅夜蛾和梳灰翅夜蛾等,其中斜纹夜蛾、粘虫和甜菜夜蛾发生较广,较重要。夜蛾类害虫都以幼虫取食植物茎叶。

斜纹夜蛾、粘虫和甜菜夜蛾,都是分布广泛、食性很杂的暴食性害虫。斜纹夜蛾以黄河以南地区发生较多,寄主植物达 99 科 290 多种,喜食细叶结缕草、黑麦草、早熟禾以及其他草坪草。幼虫取食叶片和根部,发生多时可将叶片吃光,使草坪成片枯死。同时还排泄大量虫粪,污染草坪。粘虫是世界性的大害虫,主要食害麦类、玉米、谷子和水稻等禾本科粮食作物,也取食禾草。有的年份,大量幼虫会突然出现在草坪上为害。甜菜夜蛾原在我国发生不重,近年来已发展成为重要害虫,寄主植物多达171种,主要危害甜菜、蔬菜和玉米等,大发生年份草坪受害重。

【形态识别】

1. 斜纹夜蛾 *Prodenia litura* (Fabr.) 成虫体长14～20毫米,翅展35～40毫米,全体褐色,胸背有白色丛毛,腹部前数节背面中央有暗褐色丛毛。前翅灰褐色(雄虫较深),斑纹复杂,内横线和外横线灰白色,呈波浪状,中间有白色条纹,环状纹不明显,肾状纹前部呈白色,后部黑色。在环、肾纹间由前缘向后缘外方有3条白色斜线,据此而得名为斜纹夜蛾。后翅白色。前后翅上常有水红色至紫红色闪光。卵的直径为0.4～0.5毫米,扁半球形,初产出时黄白色,后渐变为淡绿色,孵化前变为紫黑色。由3～4层卵粒组成卵块,其上有雌蛾产卵时粘上的灰黄色绒毛。老熟幼虫体长38～51毫米,头部黑褐色,胴部体色变化较大,常因寄主和虫口密度不同而有变化,常为土黄色、青黄色、灰褐色或暗绿色。全体遍布不太明显的白色斑点,从中胸至第九腹节,各节的亚背线内侧有近三角形的黑斑1对,其中第一、第七和第八腹节的最大,中、后胸的黑斑外侧有黄色小点(彩照50)。蛹体长15～20毫米,初蛹胭脂红色,稍带青色,后渐变为赤红色。

2. 粘虫 *Mythimna separata* (Walk.) 成虫体长15～17毫米,翅展36～40毫米,头、胸部灰褐色,腹部暗褐色。头部小,触角丝状。前翅黄色至橙色,有时灰褐色。前翅中央近前缘处有2个近圆形的淡黄色斑,外侧的圆斑较大,其下方有1

个小白点,其两侧各有 1 个小黑点。有 1 条暗色条纹由前翅翅尖斜向后伸。后翅基部淡褐色,向端部色渐暗(彩照 51)。雌虫腹部末端有 1 尖形产卵器。雄蛾体稍小。卵半球形,直径 0.5 毫米,略带光泽,表面具六角形有规则的网状脊纹。初产出时白色,孵化前呈黄褐色至黑褐色。老熟幼虫体长约 38 毫米,圆筒形。体色多变,发生量小时,体色较浅,呈黄褐色或灰褐色,大发生时体色呈深黑色。胸部常有多条纵纹,一般背中线浅黄色,亚背线为细黑线,其两侧各有一条红褐色条纹,两条纹间还有灰白色纵细纹。腹面污黄色,腹足外侧具黑褐色斑。因体表有黄、红、灰等色纵条,故有"五色虫"之称。幼虫期六龄。蛹体长 19～23 毫米,长圆锥形,红褐色。

3. 甜菜夜蛾 *Laphygma exigua* Hubner   成虫体长 10～14 毫米,翅展 25～33 毫米,灰褐色。前翅中央近前缘的外方有肾形纹 1 个,内方有环形纹 1 个,肾纹大小为环纹的 1.5～2 倍,土红色。后翅银白色,略带紫粉红色,翅缘灰褐色。卵呈馒头形,直径 0.2～0.3 毫米。老熟幼虫体长 22 毫米。体色变化较大,有绿色、暗绿色、黄褐色、褐色、黑褐色等不同体色。气门下线为黄白色纵带,每节气门后上方各有一明显的白点(彩照 52)。蛹体长 10 毫米,黄褐色。

【发生规律】

1. 斜纹夜蛾的发生   该虫在长江流域一年发生 5～6 代;在华北和西北东部地区发生 4～5 代;在广东、台湾和福建省终年为害,无越冬现象。在陕西以蛹在土壤内越冬,翌年 4 月下旬成虫羽化,第一代幼虫发生在 5 月上中旬,危害草坪严重,以后各代幼虫分别发生在 7 月中下旬、8 月上中旬和 10 月上中旬。成虫昼伏夜出,飞翔力很强,对黑光灯和糖醋液趋性强。成虫喜在植株茂密处嫩绿的叶背产卵。卵聚产成块,其上覆盖雌蛾的体毛,每块卵有100～200粒。幼虫共有六龄。幼虫二龄前蚕食叶肉,残留叶表皮,二龄后分散为害,四龄进入暴食期,多在傍晚以后为害,蚕食甚至吃光叶片。幼虫老熟后入土,在1～3厘米深的土层内做一椭圆形土室化蛹。若土壤板结,则多在表土下或枯叶下化蛹。各虫态平均历期为:成虫7～15天,卵期1～12天,幼虫期12～27天,蛹期9～13天。

2. 粘虫的发生　该虫在东北、内蒙古和华北北部地区,一年发生2～3代;在华北和西北南部、长江以北地区,一年发生4～5代;在长江以南一年发生5～6代,福建6～7代,广东、广西7～8代。在北纬27°以南地区无越冬现象,此线以北至北纬33°之间可以越冬,在北纬33°以北不能越冬。北方春季的虫源是由南方迁飞而来的,而南方(无越冬现象地区)秋季的虫源又是由北方迁飞过去的。

成虫昼伏夜出,白天隐蔽,夜晚活动,一般20～21时和黎明前活动最盛。成虫羽化后需取食花蜜补充营养,对糖、酒、醋混合液及腐烂的果实、酒糟和发酵液等,都有正趋性。产卵后趋化性减弱,而趋光性加强。在适宜的条件下,每头雌虫可产卵1 000～2 000粒,卵产于叶片尖端、枯叶缝隙间或叶鞘里,卵排列成行,有黏液粘结成块,每块卵少者20～40粒,多者200～300粒。成虫飞翔力很强,可远距离迁飞。幼虫共六龄。一至二龄幼虫白天多隐蔽在作物心叶或叶鞘中,晚间活动,取食叶肉,留下表皮呈半透明的小斑点;三至四龄幼虫蚕食叶缘,咬成缺刻;五至六龄幼虫达暴食期,蚕食甚至吃光叶片,其食量占整个幼虫期食量的90%以上。幼虫有假死习性,一至二龄幼虫受惊后吐丝下垂,悬在半空,随风飘散;三龄幼虫受惊后坠地装死,片刻后再爬上作物或钻进松土。幼虫还有潜土习性;四龄以上幼虫常潜伏在根旁松土里,深度为1～2厘米。

吃光植物大部分叶片后,幼虫可群集向外迁移,凡是在迁移过程中所遇到的植物,多被掠食一空。幼虫老熟后,停止取食,排泄粪便,钻到根际附近的松土中结一土茧,变为前蛹后再蜕皮化蛹。

粘虫的天敌种类很多。寄生粘虫卵的有黑卵蜂和赤眼蜂,寄生幼虫的有黄茧蜂、绿绒茧蜂、螟蛉悬茧姬蜂和甲腹茧蜂等10余种,寄生蛹的有粘虫、缺须寄蝇等多种。捕食性天敌有多种蜘蛛、步行甲和草蛉等。其中以广肩步行甲食量最大,每头成虫一天可食四至五龄粘虫幼虫47头左右。

3. 甜菜夜蛾的发生 该虫在亚热带和热带地区无越冬现象。在陕西、山东、江苏一带以蛹在土室内越冬,一年发生4～5代。在其他地区,各虫态都可越冬。成虫昼伏夜出,趋光性强,趋化性弱。卵聚产成块,产卵于叶背。幼虫五龄,少数六龄。三龄前群集叶背,吐丝结网,在内取食;三龄后分散取食,昼伏夜出,有假死性。老熟后入土,吐丝化蛹。

【防治方法】

1. 诱杀成虫 利用成虫的趋化性,在成虫数量开始上升时,用糖醋液诱杀成虫。糖醋液用红糖6份、白酒1份、米醋3份加少量敌百虫混合制成。糖醋液放在大碗里或小盆里,扣上盖子,放入田间。黄昏时揭开盖诱虫,黎明后取出诱到的蛾子。每5～7天换1次糖醋液。此外,还可用黑光灯或杨树枝把诱蛾。

2. 药剂防治 在幼虫3龄以前,及时喷药防治。

(1) **喷粉**:用2.5%敌百虫粉剂、3.5%甲敌粉或5%杀螟松粉,每公顷喷药粉22.5～30千克。

(2) **喷雾**:有效药剂和药液浓度为90%敌百虫结晶1 000～1 500倍液,50%辛硫磷乳油、50%敌敌畏乳油1 000～

2 000 倍液,50%杀螟松乳油 1 000 倍液,50%西维因可湿性粉剂 200～300 倍液,2.5%溴氰菊酯乳油 2 000～3 000 倍液等。用 80%敌敌畏乳油或 50%马拉硫磷乳油,按每 667 平方米 75 克超低量喷雾,效果亦很好。另外,喷施特异性昆虫生长调节剂(灭幼脲、农梦特、抑太保、除虫脲等)或苏云金杆菌制剂也有效。据试验,对常用药剂产生抗药性的夜蛾类害虫,用 10%除尽悬浮剂 2 000 倍液,48%乐斯本乳油 1 000 倍液,或 50%农林乐乳油(江苏化工农药集团有限公司)1 000 倍液喷雾,效果较好。

甜菜夜蛾是一种间歇性暴发害虫,近年趋于严重。据国内药效试验,在一至二龄幼虫盛期,用 5%夜蛾必杀(增效氯氰菊酯)乳油 1 500 倍液和菊酯伴侣 500～700 倍液混合,于傍晚喷雾效果最好。

(八)螟虫类

螟虫类,属鳞翅目螟蛾科。危害草坪禾草的螟虫类,主要有草地螟、庭院网螟、稻纵卷叶螟、二化螟、麦牧野螟和甜菜白带螟等。在我国北方,普遍发生的是草地螟。草地螟食性广,可取食 35 科 200 多种植物。初孵幼虫取食幼叶叶肉,残留表皮,三龄后食量大增,可将叶片吃成缺刻和孔洞,残留叶脉。受害草坪失去原有的色泽、质地、密度和均匀性,甚至光秃一片。初龄幼虫可在植株上结网躲藏,并因此被称为"草皮网虫"。

【形态识别】 螟虫类成虫为中小型蛾子,体细长,末端尖削,多数种类色淡,鳞毛细密而紧贴,显得脆弱光滑。卵椭圆形扁平,常聚产成块。幼虫体细长,光滑少毛,毛生在骨片和小突起上,没有或很少有色斑。草地螟 *Loxostege sticticalis* (L.)

的形态特征如下：

1. 成虫　体长 9～12 毫米，翅展 24～26 毫米，全体灰褐色。触角丝状。前翅灰褐色至暗褐色，翅中央稍近前缘处有一近似长方形的淡黄色或淡褐色斑，翅外缘黄白色，有一串淡黄色小点连成的条纹。后翅黄褐色或灰色，翅基部较淡，沿外缘有两条平行的黑色波状条纹（彩照 53）。

2. 卵　椭球形，长 0.8～1.0 毫米，宽 0.4～0.5 毫米，乳白色，有珍珠光泽。底部平，顶部稍隆起，在植物表面呈覆瓦状排列。

3. 幼虫　老熟幼虫体长 16～25 毫米，灰黑或淡绿色。头黑色，有明显的白斑。前胸盾黑色，有 3 条黄色纵纹。胴部黄绿色或灰绿色，背部有两条黄色的断线条，两侧有鲜黄色纵条，虫体上疏生较显著的毛瘤。毛瘤上刚毛基部黑色，外围有两个同心的黄白色环。幼虫五龄，各龄幼虫的体色有变化。

4. 蛹　长 8～15 毫米，黄色至黄褐色。蛹外有口袋形的茧，茧长 20～40 毫米，在土表下直立，上端开口处有丝质物封盖。

【发生规律】　在我国北方，该虫每年发生 2～4 代，以老熟幼虫在表层土壤内结茧越冬。一般越冬代成虫发生量大，其他各代成虫数量不多，危害亦不明显。越冬代成虫 5 月中旬至 6 月中旬盛发，6 月中旬至 7 月中旬幼虫危害草坪。7 月中下旬出现第一代成虫，但这代幼虫危害较轻。

成虫昼伏夜出，夜间 21～23 时为交尾、产卵盛期。低温、阴雨或有风天多潜伏，遇惊吓只作短暂低飞。成虫趋光性很强，在光滑的叶表面产卵，卵块覆瓦状，每块有 2～12 粒卵。成虫具群集性，通常在黄昏后，有微风或地表温度出现逆增现象时，大量起飞远迁。越冬代成虫必须在温度达 14℃～15℃后才开始羽化。18℃以上产卵,24℃~30℃为最适产卵温度。温度增高,降雨量增多,产卵量增大。初孵幼虫营群居生活,受惊后可吐丝下垂。初龄幼虫集中于幼嫩叶片上,结网潜藏,取食叶肉,残留表皮。三龄后食量大增,可吃光叶片,仅留叶脉。老熟幼虫停止取食,筑土室吐丝做茧化蛹。茧比蛹大得多,蛹位于茧的末端,头部向上。幼虫发育适温为25℃~30℃。初龄幼虫需要100%的空气相对湿度,其他各龄要求湿度在55%~60%,若湿度太低会影响化蛹。

【防治方法】

1. 人工防治　利用成虫白天不远飞的习性,用拉网捕捉。拉网网身用纱布或纱网、网底用白布做成,网口宽3米,高1米,网深4~5米,网的左右两边穿上木杆。将网贴地迎风拉动,成虫即被拉入网内。一般在羽化后5~7天拉第一次网,以后每隔5天拉网一次。

2. 药剂防治　用2.5%敌百虫粉剂喷粉,每公顷用药22.5~30千克(每平方米2.25~3克)。喷雾可用90%敌百虫结晶1 000倍液,50%马拉硫磷乳油1 000倍液,50%辛硫磷乳油1 000倍液或25%鱼藤精乳油800倍液。还可用每克菌粉含100亿个活孢子的杀螟杆菌菌粉或青虫菌菌粉2 000~3 000倍液喷雾。

(九)叶甲类

叶甲类,属鞘翅目叶甲科。危害草坪禾草的叶甲,有粟茎跳甲、麦茎(颈)叶甲和黄曲条跳甲等,在国内分布广泛。成虫取食禾草叶片,造成孔洞和缺刻,粟茎跳甲食害后出现白色条斑。粟茎跳甲还取食心叶,引起心叶枯萎或折断。麦茎叶甲和粟茎跳甲的幼虫,自禾草近地面处蛀茎为害,造成枯心苗。黄曲条跳甲幼虫剥食根部表皮,在根表蛀成许多环状虫道。

【形态识别】 成虫大多有金属光泽,触角线状,一般不太长。幼虫有 3 对胸足,但无腹足,为害方式主要为食叶,亦有蛀茎和咬根的种类。

1. **粟茎跳甲** *Chactocnema ingenua*(baly) 成虫体长 2～6 毫米,略呈卵圆形,全体青蓝色,有光泽。触角 11 节,基部 4 节黄褐色,其余各节为黑褐色。前胸背板梯形,两侧缘略向外拱突,宽稍大于长,鞘翅上有由刻点排列而成的纵线。足黄褐色,各足基节和后腿节黄褐色,后足腿节肥大发达,善于跳跃,其胫节外侧具有凹刻,并生有整齐的毛列。腹部腹面金褐色,散生粗刻点。卵长约 0.75 毫米,长椭圆形,米黄色到深黄色。老熟幼虫体长 4～6.5 毫米,长筒形,头、尾两端渐细。头部黑色,前胸盾和臀板褐色,其余各节为污白色。各节背面和侧面散生大小不等、排列不整齐的暗褐色斑,胸足褐色。蛹为裸蛹,长约 3 毫米,乳白色略带灰黄色,腹部末端有 2 个刺(图 6)。

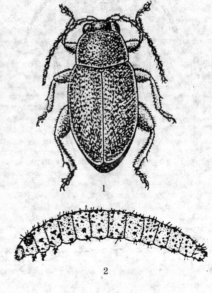

1

2

图 6 粟茎跳甲
1. 成虫 2. 幼虫

2. 麦茎叶甲 *Apophylia thalasina* Fald. 成虫体长 6～9 毫米,头部前端黄褐色,后端黑褐色。触角线状,11节,略短于体长,基部黄褐色,端部黑褐色。前胸背板狭于鞘翅,宽大于长,两侧缘向外呈弧形,并有明显的边,黄褐色,其中央和两侧缘中部共有 3 个黑点。鞘翅长形,翠绿色,有光泽和黄色长毛。

3. 黄曲条跳甲 *Phyllotreta striolata* (Fabr.) 成虫体长约 2 毫米,卵圆形,黑色有光泽。触角基部 3 节和跗节深褐色。前胸背板和鞘翅上有点刻排列成行。鞘翅中央各有一个黄色曲条,曲条两端大,中央狭,其外侧中部凹曲较深,内侧中部较直。

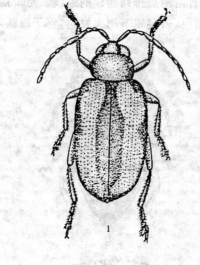

后足腿节膨大,善于跳跃。卵长约 0.3 毫米,椭圆形,淡黄色,半透明。老熟幼虫体长 4 毫米左右,长圆筒形,黄白色。头部、前胸盾和腹末臀板呈淡褐色,胸部和腹部乳白色,各节均有不显著的肉瘤,其上生有细毛。蛹长约 2 毫米,椭圆形,乳白色。黄曲条跳甲的头隐于前胸下面,胸部背面有稀疏的褐色刚毛,腹末有 1 对叉状突起,叉端褐色(图7)。

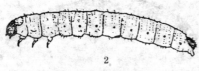

图7 黄曲条跳甲
1. 成虫 2. 幼虫

【发生规律】

1. 粟茎跳甲的发生 该虫在我国北方每年发生 1～3 代，以成虫在土壤中越冬。越冬成虫于翌春地温达 17℃左右时，开始活动，20℃时活动最盛。苗高 3～4 厘米时，多潜入心叶中部取食，引起心叶枯萎或折断。成虫善飞且有假死性，温暖干燥时最为活跃，中午强光照射时潜伏于土块下。成虫在寄主根际土壤中产卵。幼虫孵化后钻入近地面的草株茎部，向上蛀成虫道，造成幼苗枯心。株高 4～9 厘米的幼苗受害最多，每头幼虫可危害 3～4 株幼苗。老熟幼虫入土化蛹，下一代成虫发生于 6 月上旬至 7 月上旬。6 月下旬至 7 月上旬幼虫为害，8 月份成虫羽化。

2. 麦茎叶甲的发生 该虫每年发生 1 代，以卵在土壤中越冬。早春幼苗返青时，幼虫孵化，由根茎处蛀入，咬食根部和嫩茎，3～4 月份危害最烈。5 月份成虫羽化，成虫具假死性。成虫危害叶片，秋末产卵越冬。

3. 黄曲条跳甲的发生 该虫在我国北方每年发生 2～6 代，以成虫在植株贴近地面的残叶下和草丛中越冬，5～6 月份第一代、第二代食害最烈，在秋季 9～10 月份危害亦重。成虫善跳，高温时还能飞，中午活跃，早、晚和阴雨天常常躲藏，对黑光灯有趋性。成虫耐饥力很弱，无食无水时耐不过 3 天。成虫寿命较长，可长达 1 年多，产卵期可持续 1～1.5 个月，世代重叠现象明显。成虫将卵散产于植株周围的土壤中。幼虫孵化后先危害根，剥食根皮。幼虫经三龄后老熟，在土中化蛹。

【防治方法】

1. 清洁草坪 及时清洁草坪，收集并移走修剪下的茎叶。在害虫进入越冬前，清除草坪的枯草残叶。

2. 药剂防治 结合其他害虫的防治，喷撒 2.5 %敌百虫粉剂或 1.5%乐果粉剂,每公顷用药粉 30～37.5 千克。在成虫盛发期,还可喷布 90%晶体敌百虫 1 000 倍液,50%马拉硫磷乳油 1 000 倍液或 50%辛硫磷乳油 1 000 倍液等。结合灌水,还可用 90%敌百虫 1 000 倍液灌根。

(十)蚜 虫 类

危害草坪禾草的蚜虫,主要有麦长管蚜、麦二叉蚜、禾谷缢管蚜和麦无网长管蚜等,均属同翅目蚜科。麦长管蚜在我国南北各地是常发性蚜虫。麦二叉蚜主要分布于西北和华北北部较干旱地区。禾谷缢管蚜在我国南方发生普遍,也常与前述两种蚜虫混合发生,局部地区较重。麦无网长管蚜分布范围较窄,有时与麦二叉蚜混合发生。蚜虫的成、若虫吸食麦类和禾草叶片的汁液,影响植株正常生长发育,严重时生长停滞,发黄枯萎。蚜虫还可传播多种植物病毒。

【形态识别】 蚜虫身体小型,柔软。触角长,通常 6 节,末节从中部起突然变细。蚜虫可行孤雌生殖,具有有翅型和无翅型两类个体。有翅蚜的前翅大,后翅小。腹部在 6～7 节前有一管状突起,称为"腹管"。腹部末端有突起物,即尾片。

1. 麦长管蚜 *Macrosiphum avenae* (F.) 有翅孤雌蚜体长 2.3～2.9 毫米,长卵形,草绿或橘红色。触角第三节有圆形感觉圈 8～12 个。前翅中脉 3 分叉,分叉较大。腹管长圆筒形,黑色,为尾片长的 2 倍,端部有网纹。尾片有毛 6 根。无翅孤雌蚜体色淡绿至深绿,腹背常有黑斑,复眼暗红色,其余同有翅型(图 8)。

2. 麦二叉蚜 *Schizaphis graminum* (Rond.) 有翅孤雌蚜体长 1.8 毫米,长卵形,头胸黑色,腹部色淡,有灰褐色淡斑纹。触角黑色,第三节有小圆形感觉圈 4～10 个。腹管绿色端部稍暗,稍有瓦纹。前翅中脉分 2 叉。尾片长圆锥形,有微弱小刺瓦纹,有长毛 5～6 根。无翅孤雌蚜体长 2 毫米,卵圆形,淡绿色,背中线深绿色,足淡色至灰色,腹管色淡,但顶端色深,其他与有翅型相似(图 8)。

3. **禾谷缢管蚜** *Rhopalosiphum padi* (L.) 有翅孤雌蚜体长 2.1 毫米,头、胸黑色,腹部绿至深绿色,有大型绿斑。触角第三节有小圆形感觉圈 19～28 个。腹管长圆筒形,顶部收缩,有瓦纹。尾片长圆锥形,中部收缩,有曲毛 4 根。无翅孤雌蚜体长 1.9 毫米,宽卵形,橄榄绿至墨绿色,常被薄粉,触角黑色,第三节有瓦纹,其他与有翅型相似(图 8)。

4. **麦无网长管蚜** *Acyrthosiphon dirhodum* (Walk.) 有翅孤雌蚜体长 2.3 毫米,纺锤形。头、胸黄色,体蜡白色,无斑纹。触角细长,有瓦纹,第三节有感觉圈 10～20 个。腹管长管状,有瓦纹,尾片舌形,基部稍收缩,上有尖突瓦纹,有曲毛 6～9 根。无翅孤雌蚜体长 2.5 毫米,体表光滑,仅在腹管后几节稍有瓦纹。触角第三节有集中在基部的 3 个小圆形感觉圈,尾片边缘有曲毛 6～9 根,其他特征与有翅型相似。

【**发生规律**】 蚜虫具有多型现象,全发育周期包含多个类型:卵、干母、干雌、有翅孤雌蚜、无翅孤雌蚜、性母蚜、雌蚜、雄蚜等,非常复杂。其生殖方式有有性生殖和孤雌生殖两种类型。有性生殖是雌雄交配,产下受精卵,再发育为后代的两性生殖方式。孤雌生殖是不经交配,雌蚜直接产下幼体(小若蚜)的生殖方式。各种蚜虫的生活周期也不相同。有的有孤雌生殖与两性生殖的世代交替,这称为全周期型。有的蚜虫全年孤雌生殖,不发生性蚜世代,为不全周期型。

1. **麦长管蚜的发生** 该蚜虫在我国每年可发生 20～30

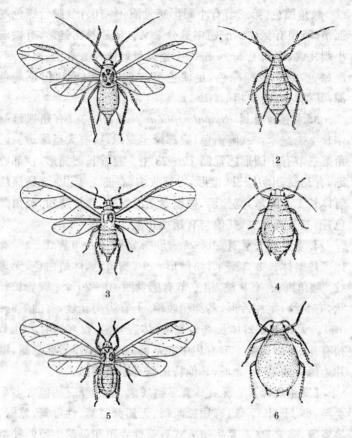

图 8　三种蚜虫

1. 麦长管蚜有翅孤雌蚜　2. 麦长管蚜无翅孤雌蚜
3. 麦二叉蚜有翅孤雌蚜　4. 麦二叉蚜无翅孤雌蚜
5. 禾谷缢管蚜有翅孤雌蚜　6. 禾谷缢管蚜无翅孤雌蚜

代。在北部和西北部地区有世代交替,以受精卵越冬,为全周期型。3月中旬,越冬卵孵化,先在越冬作物上为害。4月中旬后,产生有翅蚜向外扩散,6月中旬以后越夏,9月初结束越夏,又开始为害,9月底出现性蚜,10月中旬开始产生越冬卵(受精卵),11月底开始越冬。在我国中部和南部地区,该虫属不全周期型,全年均营孤雌生殖,不发生性蚜世代。以孤雌成、若蚜在禾本科植物上越冬。每年春、秋两季出现蚜量高峰,夏季数量很少。秋季高峰的发生量亦较春季少,危害不太严重。11月下旬进入越冬状态。春季当气温达6℃时,越冬虫体开始活动;上升到15℃以上,蚜量开始迅速上升;当气温超过22℃时,有翅蚜就向外迁飞或就地越夏。麦长管蚜的适生温度为10℃～30℃,最适温度为18℃～23℃。适宜空气湿度为40%～80%。每头雌虫平均产仔16～50头,当温度超过24℃后,产仔量明显下降。

2. 麦二叉蚜的发生 该虫在我国各地每年发生20～30代。在黄淮流域,以成、若蚜在植物的心叶和根茎部越冬;在黄淮流域以北的广大地区,以卵在根部周围的败叶残体处越冬。春天4月中旬至5月上中旬,出现一个蚜量大高峰;秋天9～10月份出现一个蚜量小高峰。麦二叉蚜繁殖力很强,每头雌虫可产仔50～70头,发育历期短。即使蚜口基数不大,只要条件适宜,虫口密度也会迅速上升。该蚜适生温度为7℃～33℃,最适温度为22℃～30℃,适宜空气湿度为35%～67%。

3. 禾谷缢管蚜的发生 该虫在我国大部分地区,每年发生20代左右,以卵在核果类果树上越冬。发生时间较迟,翌年5月初产生有翅蚜迁飞至黑麦草、羊茅、狗牙根等禾草上以及其他寄主上为害,5月下半月蚜量才有明显上升。6～7月份还迁飞到玉米、高粱等越夏寄主上为害。禾谷缢管蚜以春、秋两季发生数量多,危害重。该蚜有畏光喜湿习性,多栖息于植株下部叶片、叶鞘甚至根颈部分。较耐高温,但不耐低温,在最低月均温低于－2℃的地方不能越冬。一般潮湿、遮荫的草坪发生较多。

4. 麦无网长管蚜的发生 该虫在我国大部分地区每年发生 10～20 代,多数以无翅成蚜和若蚜,少数以卵在冬麦和禾草上越冬。该蚜以危害叶片表面为主,植株密度高的地块,蚜量明显增多。适温较低,26℃以上生育受抑,7 月份月均温高于 26℃就不能越夏。

上述四种蚜虫,虽为常发性害虫,但并非年年严重,仅间歇性猖獗发生。蚜虫危害程度受气象因素和天敌状况的制约。一般说来,温度中等,湿度较低时适于蚜虫发生。但不同种类的蚜虫也有较大差异。蚜虫的天敌较多,捕食性天敌有瓢虫、草蛉、食蚜蝇、食蚜蜘蛛和食蚜螨等;寄生性的天敌有蚜茧蜂和蚜霉菌等。其中以瓢虫和蚜茧蜂最重要。1 头七星瓢虫的成虫,平均一天可吃蚜虫 120 头,一至四龄幼虫可吃 80 头。每头蚜茧蜂雌虫可寄生蚜虫 77～844 头,个别多的可达 1 500 头。但在自然条件下,天敌常在蚜量高峰之后大量出现,对高峰期蚜害的控制作用低,但对后期蚜量和越夏阶段蚜虫有一定控制作用。南方多潮湿,有利于蚜霉菌繁殖,蚜霉菌对蚜虫的控制作用较大。

【防治方法】

1. 农业防治 实行冬灌,降低地面温度,恶化蚜虫越冬环境,杀死大量蚜虫。在有翅蚜大量出现时及时喷灌,以抑制蚜虫发生、繁殖和迁飞。在有翅蚜出现前,碾压草坪,可减轻危害。

2. 药剂防治 用 1.5％乐果粉剂、3.5％甲敌粉喷粉,每公顷用药量 22.5～30 千克。喷雾可选用 50％抗蚜威可湿性粉剂 3 000～5 000 倍液,40％乐果乳油 1 000 倍液,50％辛硫磷乳油 1 500 倍液,50％马拉硫磷乳油 1 000～1 500 倍液,

50%敌敌畏乳油 1 000～1 500 倍液,20%氰戊菊酯乳油 3 000～4 000 倍液,2.5%敌杀死(溴氰菊酯)乳油 3 000～4 000 倍液等。

3. 生物防治 尽量采用对天敌安全的药剂,例如抗蚜威等,以减少对天敌昆虫的杀伤。在天敌数量增多后,减少杀虫剂使用或不喷药,以充分发挥天敌的自然调控作用。必要时采取人工助迁或人工繁殖释放天敌的方法,控制蚜虫。

(十一)叶 蝉 类

叶蝉类,属同翅目叶蝉科。危害草坪的叶蝉,主要有大青叶蝉、二点叶蝉、黑尾叶蝉、小绿叶蝉、白翅叶蝉、四点叶蝉和六点叶蝉等。大青叶蝉除西藏不详外,各省、市、自治区都有发生,以西北和华北发生较多,取食禾草、谷类、豆类、蔬菜、棉花、果树以及林木等。二点叶蝉分布于东北、华北、宁夏及南方各省,除危害坪草外,还可食害小麦、水稻、棉花、大豆和蔬菜等。黑尾叶蝉分布于全国各地,南方诸省发生较多,除可食害禾草外,还可食害水稻、麦类和甘蔗等。各种叶蝉均以成虫和若虫群集叶背及茎秆上刺吸汁液,使叶片褪绿,变黄,变褐,畸形卷缩,甚至全叶枯死。

【形态识别】 叶蝉是有跳跃能力的小型昆虫,体细长,触角鬃状。前翅革质,后翅膜质,后足胫节下方有两列刺状毛。

1. 大青叶蝉 *Tettigella viridis*(L.) 该虫成虫体长 7～10 毫米,全体青绿色。头部橙黄色,复眼黑褐色,有光泽。头部背面有 2 个单眼,两单眼间有 2 个多边形黑斑点。前胸背板前缘黄色,其余为深绿色。前翅蓝绿色,末端灰白色,半透明。后翅及腹部背面烟黑色,腹部两侧、腹面及胸足均为橙黄色(彩照54,55)。卵长约1.6毫米,长卵形,一头稍尖,乳白色,近孵化时为黄白色,10粒左右组成一个卵块。老熟若虫体长6~7毫米,初孵化时灰白色,稍带黄绿色。头大腹小,胸腹背面有不显著的条纹。3龄以后体色转为黄绿,胸、腹背面具明显的4条褐色纵列条纹,并出现翅芽。

2. 二点叶蝉 *Cicadella fascifrons* (Stal.)   该虫的成虫体长3.5~4.0毫米,淡黄色,略带灰色。头顶有2个明显小黑圆点,其前方有显著的黑横纹2对,复眼内侧各有一短黑纵纹,单眼橙黄色,位于复眼与黑纹之前。前胸背板淡黄色,小盾片鲜黄绿色,基部有2个黑斑,中央有一细横刻痕。足淡黄色,后足胫节及各足跗节均具小黑点。腹部背面黑色,腹面中央及雌性产卵管黑色。卵长约0.6毫米,长椭圆形。若虫初孵出时灰黄色,成长后头部后顶有2个明显的黑褐色小点。

3. 黑尾叶蝉 *Nephotettix cincticeps* (Vhler)   该虫的成虫雄虫体长4.5毫米,雌虫5.5毫米,黄绿色。头部两复眼间有一黑色横带。在黑带的后方有极细的正中线,黑色,有时不明显。复眼黑色,单眼黄色。前胸背板前半部黄绿色,后半部为绿色,小盾片黄绿色,前翅鲜绿色,翅端1/3处雄虫为黑色,雌虫为淡褐色(少数雄虫前翅端部亦呈淡褐色)。雌虫胸、腹部腹面淡褐色,腹部背面为灰黑色,而雄虫均为黑色。卵长1毫米,长椭圆形,中部稍弯曲。初产出时为乳白色,后为淡黄色,又变为灰黄色。近孵化时,2个眼点变为红褐色。

【发生规律】

1. 大青叶蝉的发生   该虫每年发生2~6代,在东北为2代,华北为3代,湖北为5代,江西为5~6代。在北纬25°以北,皆以卵越冬。在长江以北地区,卵多产于木本植物枝条的皮下组织内;在长江以南地区则多以卵在禾本科植物茎秆内越冬。在北京，越冬卵于 4 月上旬至下旬孵化，第一代成虫羽化期为 5 月中下旬，第二代为 6 月末至 7 月下旬，第三代为 8 月中旬至 9 月中旬。成虫有趋光性，非越冬代成虫多产卵于寄主植物的叶背面主脉的组织中，卵痕月牙形，产卵成块，每块 3～15 粒卵，每头雌虫产卵 30～70 粒。在夏秋季，卵期 9～15 天，越冬卵卵期则长达 4～5 个月。若虫多在早晨孵化，共五龄，若虫期为 1 个月左右。在早晨或黄昏气温低时，成虫、若虫都潜伏不动，午间气温较高时活跃。

2. 二点叶蝉的发生　该虫在江西南昌一年可发生 5 代，以成虫或高龄若虫在潮湿的草地越冬，越冬若虫于翌年 3 月下旬至 4 月上中旬羽化，第一代成虫于 6 月上中旬出现，陆续繁殖为害，直至 12 月上中旬仍能正常活动。在宁夏以成虫在禾本科草上或冬麦上越冬，7～8 月份为盛发为害期。

3. 黑尾叶蝉的发生　该虫在华东每年发生 4～5 代，华中 5～6 代，华南 6～7 代。由于成虫产卵期长，造成世代重叠现象严重。以若虫和少量成虫在草地、绿肥田、休闲田越冬。越冬期间若遇天气晴朗，气温达 12.5℃ 以上，仍可活动取食，温度愈高取食愈盛。越冬期可达 3 个月以上。成虫性活泼，早、晚在叶片上取食为害，白天多潜藏在植株下部，高温且有微风的晴天最活跃。生长旺盛，叶色嫩绿的草地，虫口密集。成虫趋光性亦强，在高温闷热的晚上，诱到的虫数较多。卵多产于叶鞘边缘内侧和叶片中肋内。卵单行排列，每个卵块有 11～20 粒卵。若虫多栖息于植株基部，少数在叶片上取食。若虫共五龄，初龄与末龄若虫迟钝，二至四龄若虫较活跃。7～8 月份是黑尾叶蝉发生高峰期，夏季高温且较干旱的年份有利于黑尾叶蝉的大发生。

【防治方法】

1. 诱杀成虫 利用叶蝉的趋光性,用黑光灯诱杀或普通灯火诱杀。扑灯的多是怀卵的雌虫,在成虫盛发初期开始用灯火诱杀效果很好。

2. 药剂防治 在若虫盛发期喷药防治,常用的药剂有40%乐果乳油1 000倍液,20%叶蝉散乳油1 000~1 500倍液,90%晶体敌百虫1 000~1 500倍液,50%稻丰散乳油1 000倍液,50%杀螟硫磷乳油1 000~1 500倍液,2.5%敌杀死(溴氰菊酯)乳油3 000~4 000倍液,20%氰戊菊酯乳油3 000~4 000倍液等。

(十二)飞虱类

飞虱类,属于同翅目飞虱科。危害禾草的飞虱,主要有白背飞虱、灰飞虱、褐飞虱、带背飞虱和黑疲茎飞虱等。白背飞虱在我国各地普遍发生,灰飞虱主要发生在我国北方地区和四川盆地,褐飞虱以长江和淮河流域以南地区发生较重。飞虱类以成虫和若虫群集于寄主下部,刺吸汁液,产卵刺破茎秆组织,被害茎表面呈现不规则的长条形纵褐色斑点,影响植株生长发育,使叶片自下而上地逐渐变黄,植株萎缩,成丛点片被害,严重时,植株下部变黑枯死。飞虱还可传播多种植物病毒。

【形态识别】 飞虱为小型、善跳的一类昆虫,触角短锤状,翅较透明,后足胫节末端有一个显著的能活动的扁平长刺,称为"距"。

1. 白背飞虱 *Sogatella furcifera* (Horvath) 成虫雄虫只有长翅型,雌虫有长翅型和短翅型。长翅型连翅体长3.8~4.5毫米,黄白色到灰黄色。前胸与中胸背板中央黄白色,中胸背板侧区黑色。前翅半透明,有翅斑,翅长超过腹部。腹部背面中央黄白色,两侧浅黑褐色,腹面淡黄褐色。短翅型体长 2.5～3.5 毫米,翅长不及腹部之半,其余同长翅型。卵长 0.8～1.0 毫米,长椭圆形,微弯曲,一端稍大,黄白至黄色,眼点红色。卵帽三角形,不露出产卵痕。卵块由卵粒单行松散排列。若虫五至六龄,体淡灰褐色,背部有灰白色云纹斑。

2. 灰飞虱 *Laodelphax striatellas* (Fall.)　成虫长翅型连翅体长 3.5～4.0 毫米,黄褐色至黑褐色。头顶略突出,额颊区黑色。雌虫小盾片中央淡黄色,两侧暗褐色。胸、腹部腹面黄褐色。雄虫小盾片黑褐色,胸、腹部腹面亦为黑褐色。卵长 0.7 毫米左右,长卵圆形,弯曲,卵帽近半圆形。卵块的卵粒成簇或双行排列,卵帽稍露出产卵痕。老熟若虫体灰黄至黄褐色,腹部两侧色深,中央色浅,第三、四节各有 1 对浅色"八"字形斑纹。

3. 褐飞虱 *Nilaparvata lugens* (Stal)　成虫长翅型连翅体长 3.6～4.8 毫米。体淡褐至深褐色,有光泽,复眼绿褐色或黑褐色。前胸背板和中胸小盾片上,有 3 条明显的隆起线,小盾片褐色至暗褐色。胸、腹部腹面暗黑色。前翅半透明,带褐色光泽,翅斑明显。后足第一跗节内侧有 2～3 个小刺。短翅型翅短,翅不达腹部末端,体较小,长 2～4 毫米。卵长 0.8 毫米左右,长卵圆形,微弯,卵帽与产卵痕表面相平。初产出时乳白色,后变淡黄色。卵块的卵粒排列紧密。老熟幼虫体灰白至黄褐色,腹部第四、五节背面有 2 对清楚的三角形白色斑纹。

【发生规律】

1. 白背飞虱的发生　每年发生 3～8 代,发生代数自北向南递增。在广东南部无越冬现象,在广西、福建等地可以卵在再生稻、李氏禾等寄主茎内越冬,在北纬 26°以北地区尚未发现越冬虫体。白背飞虱是远距离迁飞性害虫,在我国北方发生的白背飞虱是由南方逐区迁飞而来的。长翅型羽化后 2～6 天达迁飞高峰,可群集于 1 000～2 000 米高空飞行,飞行距离达数百公里。长、短翅型成虫的雌、雄个体可互相交配,卵多产在叶鞘肥厚组织内,少数产于叶片基部中肋内,以下部叶鞘最多。成虫有趋嫩绿习性。在适温(20℃～30℃)范围内,一代历期 33～63 天。

2. 灰飞虱的发生 每年发生 4～8 代,以成虫、若虫在寄主枯叶上及草丛间越冬。田间各代发生时间不整齐,有世代重叠现象。灰飞虱属温带昆虫,耐低温能力较强,不耐高温,亦是迁飞性害虫,但翅型变化较稳定。越冬代以短翅型为多,其余各代长翅型较多。雄成虫仅越冬代有短翅型,其余各代均为长翅型。该虫在寄主上的栖息部位较高,且有向田边集中的习性。一代历期为 35～45 天。

3. 褐飞虱的发生 每年发生 2～11 代,自北向南代数逐渐递增,在北纬 23°以北不能越冬,在此线以南,以成虫、若虫或卵在寄主草丛间越冬。该虫亦为远距离迁飞性害虫,但迁飞能力不及白背飞虱。长翅型成虫具趋光性。该虫性喜阴湿,多在寄主基部栖息取食,通常田块中间发生严重,亦有趋嫩绿习性。卵多产于寄主基部叶鞘和叶片正面的组织内,卵成条状产下,产卵痕为褐色条斑。一代历期为 35～72 天。

【防治方法】

1. 种植抗、耐虫品种 根据品种间的不选择性、抗生性及耐害性的不同,选用抗虫、耐虫品种。

2. 加强草坪养护 加强水肥管理,控制氮肥施用,使禾草生长健壮,不过于幼嫩,提高抗(耐)虫能力。要保持草坪通风透光,做到散湿增温。

3. 药剂防治　白背飞虱和褐飞虱,一般在若虫孵化高峰期至二三龄若虫盛发期用药,灰飞虱在成虫迁飞扩散高峰期和若虫孵化高峰期用药。

(1)喷　粉:可用 2%叶蝉散粉剂、2%速灭威粉剂或 3%混灭威粉剂喷粉,参考用药量为每公顷 30 千克。

(2)喷　雾:50%混灭威乳油每公顷用药量为 375～750克,也可用 20%速灭威乳油或 20%叶蝉散乳油等药剂喷雾。

(十三)蝽　类

蝽类,主要指半翅目的蝽科、缘蝽科、盲蝽科害虫。重要的有蝽科的稻绿蝽、二星蝽和缘蝽科的大稻缘蝽(稻缘蝽)与闭环缘蝽等。盲蝽科的重要害虫很多,将分别在下一节和第五章介绍。稻绿蝽是世界性害虫,我国各地也均有发生。它除危害禾本科草和水稻外,还取食麦、豆、高粱、玉米、芝麻和柑橘等多种作物。大稻缘蝽主要发生在两广和云南等省、自治区,除危害禾本科草和水稻外,还可食害小麦、玉米和豆类等。蝽类以成虫、若虫刺吸植株叶片和茎秆的汁液,禾草受害后叶片变黄,植株矮缩,若心叶受害,则不能正常生长,甚至枯萎死亡。

【形态识别】

蝽类体壁坚硬,身体略扁平,口器刺吸式,触角线状,有4～5 节,前胸背板发达,中胸有发达的小盾片。前翅基部坚硬,称为革片;端部柔软,称为膜片。膜片上有多数纵脉,多从一横脉上分出。

1. 稻绿蝽 *Nezara viridula* L.　雄成虫体长 12～14 毫米,雌成虫体长 12.5～15.5 毫米。全体青绿色,体背色泽较深,腹面色泽较淡。复眼黑色,单眼暗红色,触角第四、第五节

末端黑色。小盾片基部有 3 个横列的小黄白点，前翅膜区无色透明。稻绿蝽还有黄肩型和点绿型的个体。黄肩型的两复眼

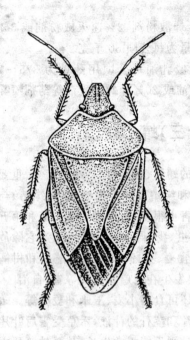

间之前和前胸盾片两侧角间之前的前侧区均为黄色，其余部分为青绿色。点绿型体背黄色，前胸盾片（背板）前半部有 3 个横列小绿点，小盾片基部也有 3 个横列的小绿点，中间的点大，两侧的点很小。其端部还有 1 个小绿点，并与前翅革片中央各 1 个小绿点排成一横列。卵圆形，顶端有卵盖，卵盖周缘有白色小刺突。初产时黄白色，中期赤黄色，后期红褐色。蝽类的若虫共五龄（图 9）。

图 9　稻绿蝽

2. 大稻缘蝽 *Leptocorisa* acuta（Thunb.）　雄成虫体长 15～16 毫米，雌成虫体长 16～17 毫米。体细长，茶褐色带绿或黄绿色。头部向前伸出，喙 4 节，黑褐色，第三、四节等长。触角细长，4 节，第一、四节淡红褐色，第二、三节端部黑色。前胸背板长大于宽，满布深褐色刻点，中央有 1 个刻点细小的纵纹。小盾片三角形，足细长。卵长 1.2 毫米，椭圆形，底面圆平，无明显的卵盖，前端有 1 个小白点，初产时淡黄褐色，中期赤

褐色,后期黑褐色有光泽。若虫共五龄(图 10)。

【发生规律】　稻绿蝽在浙江一年发生 1 代,在广东一年可发生 3～4 代。大稻缘蝽在广西一年发生 4～5 代。两种害虫均以成虫在禾草、杂草丛中,土壤缝隙中越冬。翌春回暖后活动为害。成虫产卵于叶背(稻绿蝽)或叶面(大稻缘蝽),卵均排列成行。若虫孵化后先群集,后分散为害。

【防治方法】　若虫孵化盛期后开始用药防治效果最好,可结合防治其他害虫,用 40％乐果乳油、50％马拉硫磷

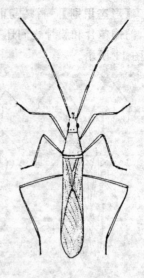

图 10　大稻缘蝽

乳油、50％辛硫磷乳油或 90％晶体敌百虫 1 000 倍液喷雾,也可用 80％敌敌畏乳油 1 500 倍液喷雾。

（十四）赤须盲蝽

盲蝽类害虫,属于半翅目盲蝽科。危害禾草的主要有赤须盲蝽(红角盲蝽)*Trigonotylus ruficornis* Geof.。危害草坪禾草与草坪白三叶草的,还有绿盲蝽、三点盲蝽、中黑盲蝽、苜蓿盲蝽和牧草盲蝽等。赤须盲蝽是西北、内蒙古和东北地区较常见的害虫,在南方也有分布。其成虫和若虫均以刺吸式口器吸食嫩茎、叶和生长点的汁液,受害部分褪绿变黄,或先出现黄色小斑点,后逐渐扩大成黄褐色大斑,叶片皱缩凋萎,最后干枯

脱落。

【形态识别】 盲蝽与前述蝽类的不同之处，是头部无单眼，前翅革片和膜片之间还有一个楔片。赤须盲蝽的形态特征如图 11 所示。

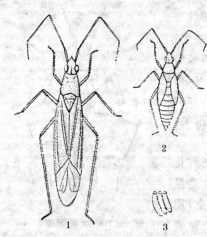

图 11 赤须盲蝽
1. 成虫 2. 若虫 3. 卵

1. 成虫 雄虫体长 5～5.5 毫米，雌虫体长 5.5～6.0 毫米。体细长，绿色或黄绿色。头部略呈三角形，顶端向前突出，头顶中央有一纵沟。复眼银灰色，半球状，紧接前胸背板前缘。触角细长，等于或略短于体长，共 4 节。第一节短粗，第二、三节细长，第四节最短。触角红色，并因此而得名。喙 4 节，黄绿色，顶端黑色，伸达后足基节处。前胸背板梯形，前缘低平，两侧向下弯曲，后缘两侧较薄，近前端两侧有 2 个黄色或黄褐色较低平的胝。小盾片三角形，黄绿色，基部不被前胸背板后缘覆盖。前翅革片绿色，膜片白色，透明。长度超过腹部末端。虫体腹面淡绿或黄绿色，腹部腹面有浅色细毛。足黄绿色，胫节末端及跗节黑色，跗节 3 节，覆瓦状排列，爪黑色，垫片状。

2. 卵 长约 1 毫米，口袋形，卵盖上有不规则的突起，初产出时白色透明，孵化前呈黄褐色。

3. 若虫 共五龄。一龄若虫体长约 1 毫米，二龄长 1.7

毫米,三龄 2.5 毫米,四龄 3.5 毫米,五龄约 5 毫米。一龄至三龄虫体皆为绿色,足黄绿色。三龄若虫翅芽不达腹部第一节。四龄若虫翅芽不超过腹部第二节,足胫节、跗节及喙末端黑色。五龄若虫全体黄绿色,触角红色,足胫节、跗节及喙末端黑色,翅芽超过腹部第二节。

【发生规律】 该虫每年发生 3 代,以卵在禾草茎、叶上越冬。4 月下旬,多年生禾草返青后,越冬卵开始孵化,5 月初为孵化盛期,若虫开始为害。5 月下旬为第一代成虫羽化盛期,并交配产卵。雌虫在叶鞘上端产下成排的卵,每头雌虫产卵 5～10 粒,最多可产 20 粒。6 月上旬,卵开始孵化,当气温达 20℃～25℃,相对湿度达 45%～50% 时,出现孵化高峰。7 月上旬,第二代成虫羽化;7 月下旬,第三代成虫出现,并以这代成虫的卵在禾草的茎、叶上越冬。因产卵期不整齐,有世代重叠现象。该虫卵期 5～7 天,气温 20℃左右、相对湿度 45% 左右时最适于孵化。若虫活泼,常聚集在叶背刺吸为害。成虫在上午 9 时至下午 5 时前活跃,早、晚或阴天,气温较低时常隐蔽。成虫羽化后 7～10 天开始交配,一般在夜间产卵。成虫喜食粗纤维较多的禾草。

【防治方法】 在若虫孵化初期或若虫期喷药防治。可用 2.5% 敌百虫粉剂、1.5% 乐果粉剂或 3.5% 甲敌粉喷粉,每公顷用药量为 22.5～30 千克。也可用 40% 乐果乳油、50% 马拉硫磷乳油或 50% 辛硫磷乳油等药剂 1 000～1 500 倍液喷雾防治。

(十五)蓟 马 类

蓟马,属缨翅目。其食害草坪禾草的种类较多。例如小麦皮蓟马、稻管蓟马、横纹蓟马、丝大蓟马、花蓟马、普通蓟马、日本蓟马和黄呆蓟马等。小麦皮蓟马和稻管蓟马较重要，两者皆属管蓟马科。

蓟马以成虫、若虫锉吸植物的嫩茎、嫩叶的汁液，使其生长缓慢、停滞和萎缩。被害嫩叶和嫩芽呈卷缩状。蓟马产卵于主叶脉和叶肉中，若虫孵化后，叶片出现褐色斑点，逐渐枯黄萎缩，甚至死亡。

【形态识别】 蓟马是微小的昆虫，身体细长，略扁，口器锉吸式，触角念珠状，其上有钉状或角状感觉器。两对翅狭长，边缘有缨状长毛，前翅最多有 2 条长纵脉。足无爪，有泡状中垫。

1. 小麦皮蓟马

Haplothrips tritici Kurd. 成虫体长 1.5～2.0 毫米，宽为 0.25～0.34 毫米，全体黑色。头部略呈长方形，与前胸相连。触角 8 节。前翅仅有 1 对不明显的纵脉，不延伸到翅顶，翅表面光滑无微毛。腹部末节延长成尾管，其末端有 6 根细长的尾毛，其间各生短毛 1 根（图 12）。卵长 0.45 毫米，一端较尖，乳黄色。若虫共五龄。初孵

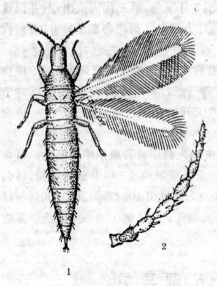

图 12　小麦皮蓟马

1. 成虫　2. 触角

出若虫淡黄色,随着龄期的增长,逐渐变为橙色至鲜红色,但触角和尾管始终呈黑色。三龄出现翅芽,被称为"前蛹";末龄则不食不动,被称为"拟蛹"或"伪蛹",此时触角紧贴于头的两侧。这种特殊的变态类型,叫"过渡变态"。

2. 稻管蓟马 *H. aculeatus* (Fabr.) 雌成虫体长 1.8～2.2 毫米,雄成虫体长 1.7～1.9 毫米,皆为黑褐色。触角 8 节。前翅无色透明,纵脉消失,翅中央稍收缩,后缘近端部有间插缨 5～7 条。腹末节呈管状,其长度略短于头长,末端有毛 6 条。卵长椭圆形,初产出时为白色略透明,后期变为橙红色。若虫淡黄色,四龄若虫体侧常有红色斑纹,无翅或有短翅芽。

【发生规律】 小麦皮蓟马在西北和内蒙古地区每年发生 1 代,以二龄红色若虫在植物根部附近土壤中越冬。可深入土中 15 厘米,但多栖息在 1～5 厘米深处的表层土壤中。春季当平均气温达 8℃时,越冬若虫开始活动,当旬均温达 15℃时,若虫即进入伪蛹盛期。在新疆北部,成虫一般于 5 月上中旬开始羽化,初羽化的成虫,常小群(3～5 头)集中于植株上部叶片或心叶上产卵。每头雌虫产卵约 20 粒。卵由胶质物粘结成不规则的块状,卵期 7～8 天。孵化后的若虫锉吸禾草心叶和叶片。草坪剪草时可被震落,在土壤中、根部周围或叶鞘中隐藏。越夏后,在秋季继续取食,然后进入越冬状态。稻管蓟马每年发生 10 余代,以成虫在草丛中越冬,4～5 月份开始为害,卵多产于叶片卷尖内,散产。成虫活泼,畏光。

【防治方法】 发生量大时,可在草坪表面轻度碾压、耙糖,以碾死虫体。实行喷灌,淹死或击落、击死虫体。结合防治其他害虫,进行药剂防治。可用 1.5%乐果粉剂喷粉,每公顷用药 22.5～30 千克。用 40%乐果乳油 1 000 倍液,50%马拉硫磷乳油或 50%辛硫磷乳油 1 000～1 500 倍液,50%混灭威乳油 1 000 倍液或 90%晶体敌百虫 1 500 倍液喷雾,效果均好。

(十六)麦圆叶爪螨

麦圆叶爪螨 *Penthaleus major*(Duges),属蜘蛛纲真螨目叶爪螨科,亦称麦圆红蜘蛛。在国内主要分布于北纬 37°与29°之间的广大地区,包括山东、河南、安徽、江苏、浙江、四川、陕西以及山西与河北南部。在低湿地带发生较重,在旱地发生较轻,但雨量充足时旱地发生也重。麦圆叶爪螨除危害禾草和麦类作物外,还取食豌豆、油菜、小蓟和野地黄等植物。该螨以刺吸式口器吸食叶片汁液。叶片被害后,初期苍白失绿,以后逐渐变黄枯萎。

【形态识别】 螨类是微小型动物,身体分节不明显,无头、胸、腹三段之分,无翅,有足 4 对。变态经过卵、幼螨、若螨诸阶段到成螨。

麦圆叶爪螨成螨体长约 0.65 毫米,宽约为 0.43 毫米,近圆形,深红褐色。背面中央有一淡色的背肛(门)。足 4 对,第一对较长,第二、第三对几乎相等,各足端部无粘毛(图 13)。卵长约 0.24 毫米,宽约 0.14 毫米,椭圆形,表面皱缩,中央有凹沟 1 条。初产出时为暗红色,以后渐变为淡红色。幼螨有足 3 对,几乎等长,全体红褐色,取食后身体变为草绿色,足赤红。若螨足 4 对,体形似成虫,体色深红。

【发生规律】 麦圆叶爪螨每年发生 2～3 代。在北方,以成虫和卵在禾草、田间杂草和麦株上越冬;在南方,冬季亦可活动为害。在北方,早春气温达 6℃以上时,越冬成虫开始繁殖,越冬卵开始孵化,并进行为害。以 3 月中下旬至 4 月中旬,

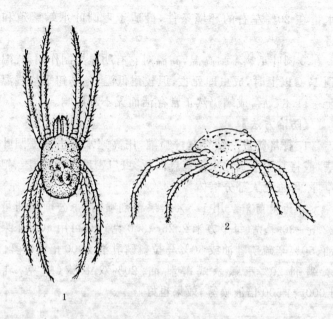

图 13　麦圆叶爪螨 （仿周尧原图）

1. 雌成螨背面　2. 雌成螨侧面

气温达 8℃～15℃时,危害最重,繁殖也最盛。4月底虫口密度减少,并以卵在禾草或土块上越夏。越夏卵 10 月中旬开始孵化,以后继续在禾草上或麦株上为害。11 月上中旬又以成螨或卵越冬。一代历期平均约为 50 天。

　　麦圆叶爪螨通常只有雌性个体,营孤雌生殖。每头雌螨可产卵 30～70 粒,平均产卵期约有 21 天,常产卵在禾草基部土壤中、禾草草根附近、落叶下或麦茬下湿润处,卵聚产成堆或成串。该螨性喜阴凉湿润,有群集性,遇震动即坠落或向下爬。在盛发期以上午 9 时前和下午 4 时后活动最盛,中午常潜伏在低湿处,但阴天中午多活动。相对湿度 70% 以上,表土层含水量在 20%左右的环境条件,最适于麦圆叶爪螨繁殖和为害。

麦圆叶爪螨不耐高温,高温对它有明显抑制作用。气温达到 17℃以上时,成虫即死亡,但较耐低温,冬季旬平均气温降至－11.8℃后,成螨仍然正常存活而无不利影响。

【防治方法】

1. 栽培防治 结合草坪喷灌,用高速水流击杀麦圆叶爪螨,或将其振落到泥水中窒息而死。虫口密度大时,碾压、耙耱草坪,可杀死大部分螨体。

2. 药剂防治 用 1.5%乐果粉剂喷粉,每公顷用药量为22.5～30 千克(每平方米 2.25～3.0 克)。还可用 40%乐果乳油、50%辛硫磷乳油或 50%马拉硫磷乳油 1 000 倍液喷雾。用杀螨剂 20%三氯杀螨醇乳油、20%双甲脒(螨克)乳油1 000～1 500 倍液喷雾,效果也好。

(十七)蜗牛和蛞蝓

蜗牛和蛞蝓,都是软体动物。常见种类有同型巴蜗牛、灰巴蜗牛和野蛞蝓。蜗牛和蛞蝓为多食性动物,除草坪外,还危害蔬菜、棉、麻、甘薯和谷类等多种作物。初期食量较小,仅取食叶肉,残留叶表皮或吃成小孔洞,稍大后用唇舌刮食叶、茎,造成大的孔洞和缺刻。严重时可将叶片吃光或将小苗咬断。蜗牛和蛞蝓取食造成的伤口,可成为病原菌侵入的门户,排出的粪便还严重污染草坪。

【形态识别】 软体动物是一种无脊椎动物,属软体动物门腹足纲。身体分头、足和内脏囊三部分。头部发达,有 2 对可翻转缩入的触角,前触角较短小,有嗅觉功能,后触角较长大,顶端有眼。身体两侧有左右对称的足。背面有外套膜分泌物形成的蜗壳 1 枚,有的种类无蜗壳或蜗壳退化。口腔有腭片和发达的齿舌,无鳃。雌雄同体,卵生。

1. 同型巴蜗牛 *Bradybena similaris similaris* Ferus. 体外蜗壳扁球形,高 12 毫米,宽 16 毫米,有 5～6 层螺纹,壳质较硬,黄褐色或红褐色。蜗壳的螺旋部低矮,蜗层较宽大,周缘中部常有 1 条暗褐色带。壳口马蹄形,脐孔圆孔状。壳内身体柔软,头部发达,触角 2 对,口位于头部腹面,唇舌发达。卵直径 2 毫米,圆球形,初产出时乳白色,有光泽,后渐变淡黄色,近孵化时变土黄色。幼贝形态与成贝相似,仅体型较小(彩照56)。

2. 灰巴蜗牛 *B. ravida ravida* Bens. 蜗壳比同型巴蜗牛高大,近圆球形,高 19 毫米,宽 21 毫米,黄褐色或琥珀色,壳顶尖。壳口椭圆形,脐孔缝状。蜗内身体与同型巴蜗牛相似(彩照 57)。

3. 野蛞蝓 *Agriolima agrestis* Linn. 成体体长 20～25 毫米,爬行时体长达 30～36 毫米,无外壳。身体柔软,暗灰色,有的为灰红色或黄白色。触角暗黑色,前对触角短,长约 1 毫米,有感觉作用;后面 1 对触角长,长约 4 毫米,顶端有眼,黑色。头前方是口,口腔内有 1 对角质的齿舌。体背前端 1/3 具外套膜,其边缘稍卷起,内有一个退化的蜗壳,称为盾板。外套膜有保护头部和内脏的作用。在外套膜的后方右侧有吸孔,孔的周围有细小的带环绕。生殖孔在右触角后方约 2 毫米处。虫体具腺体,可分泌无色透明的黏液,使爬过的地方有白色发亮的痕迹。卵的直径为 2～2.5 毫米,椭圆形,淡黄白色透明,从卵壳外面能透见明显的卵核。一般一卵一核,有的一卵具 2～3 个卵核,近孵化时,卵核颜色变深。初孵出的幼体长 2～2.5

毫米,淡褐色,体形与成体相似。

【发生规律】

1. 蜗牛的发生 两种蜗牛常混合发生。同型巴蜗牛一年繁殖 1 代,灰巴蜗牛一年繁殖 1～2 代。幼时称幼贝,成体称成贝。成贝或幼贝蛰伏在禾草和其他冬作物根部的土壤中越冬,也有的在菜田残茎落叶层内、石块下或土缝中越冬。越冬蜗牛在翌年 3 月初开始取食,4～5 月间成贝交配产卵,大量食害草坪和其他植物。夏季若干旱高温,就隐蔽潜伏,待干旱季节过后继续为害繁殖,直至越冬。蜗牛一代历期 1～1.5 年,有的超过 2 年。

蜗牛雌雄同体,多为异体受精,也可自体受精。每个成体都可产卵。蜗牛从 3 月份到 10 月份多次产卵,其中 4～5 月份和 9 月份产卵量最多。每个成贝一生产卵 30～235 粒。卵产于土壤表层,聚产成堆。卵期需潮湿的土壤环境,土壤过分干燥,卵不孵化。

幼贝和成贝均喜阴湿,雨水较多时可昼夜活动取食。干燥时蜗牛白天潜伏,夜间活动取食。夏季遇干旱、高温或强光之后,常隐蔽起来,分泌黏液形成蜡状膜将壳口封住,暂时不食不动,条件适宜时恢复活动。蜗牛以足部肌肉的伸缩活动爬行,行动迟缓。爬行时分泌黏液,留下发亮的痕迹。

2. 野蛞蝓的发生 在我国各地一年发生 2～6 代,以成体或幼体在寄主根部湿土下越冬。在江苏,其成体和幼体于 5～7 月份大量活动为害。入夏后因气温升高,活动减弱。秋季天气凉爽时,又开始活动为害。受精的成体于 5～7 月份大量产卵,多产于湿度较大的土缝里,产卵期可达 160 天。每个成体平均产卵 400 粒左右,卵期约 15 天。从孵化到成体约需 55 天,成体平均寿命 230 天,最长可达 300 多天,短的仅有 89 天。

野蛞蝓性喜阴暗,白天潜伏,隐蔽在近地面植物叶背等遮光处。草坪是它较好的栖息场所。多在下午6时以后出来活动取食,晚上10~11时达活动高峰,后半夜活动减弱,清晨陆续潜伏。野蛞蝓怕光怕热,在强烈的阳光下2~3小时即被晒死,但耐饥力很强。

野蛞蝓的活动和危害程度,与气温和土壤湿度有密切关系。气温11.5℃~18.5℃,土壤含水量20%~30%时,最有利于野蛞蝓的生长发育和取食活动。若温度升至25℃以上,它就隐蔽在土缝中或潮湿土块下,停止活动。土壤含水量低于10%或高于40%时,其生长受抑制,甚至死亡。

【防治方法】

1. 人工捕捉　发生数量较少时,可寻找蜗壳,捡拾蜗牛,集中杀灭。还可于傍晚用菜叶、蚕豆叶或绿肥植物叶片等堆成小堆,诱集蜗牛,次日捕捉诱到的蜗牛,将其集中杀死。

2. 喷洒氨水　夜间喷洒氨水的70~100倍稀释液,可毒杀蜗牛和野蛞蝓,同时给草坪植物施肥。

3. 撒石灰粉　在田间撒石灰粉(每平方米7.5~11克),对蜗牛有效;撒茶枯粉(每平方米4.5~7.5克)对蜗牛和野蛞蝓都有效。

4. 药剂防治　可用70%百螺杀可湿性粉剂(拜耳公司产品)2 000~2 500倍液喷雾。用2%灭旱螺饵剂(拜耳公司产品)防治蜗牛,用药量为每平方米0.75~0.9克,防治野蛞蝓用药量为每平方米0.5~0.75克。其他有效药剂,还有瑞士龙沙公司生产的6%密达颗粒剂(用药量为每平方米0.7~1克),江苏铜山农药厂生产的除蜗净(30%甲萘威·四聚乙醛母粉,用药量为每平方米0.375~0.75克),防治蜗牛、蛞蝓也效果良好。

五、三叶草害虫及其防治

（一）豆芫菁

豆芫菁 *Epicauta grohami* Marseul（图 14），属鞘翅目芫菁科，分布于东北、华北地区及四川、陕西等地。除白三叶外，还可食害苜蓿、豆类、甜菜、马铃薯、茄子、棉、麻、桑等作物。成虫喜食嫩叶，仅残留叶脉，大发生时也食害嫩茎及老叶。芫菁的幼虫可在土中取食蝗卵，是蝗虫的重要天敌。

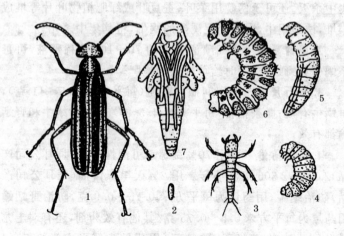

图 14 豆芫菁

1. 成虫　2. 卵　3. 一龄幼虫　4. 二龄幼虫

5. 五龄幼虫　6. 六龄幼虫　7. 蛹

【形态识别】

1. 成虫 圆筒形中型昆虫,体长 15～18 毫米。全体黑色。头部略呈三角形,后部急剧缢缩如颈,复眼大,触角 11 节。雌虫触角丝状,雄虫触角第三至七节扁而宽。前胸窄于鞘翅基部,鞘翅合拢时左右分离。前胸背板中央和每个鞘翅中央各有白色纵纹 1 条,前胸两侧、鞘翅周缘,以及腹部腹面各节的后缘都丛生灰白色绒毛。前、中足基节相连,后足基节横形。雄虫体略小于雌虫,前足第一跗节端部略宽,腹部腹面中央略凹,无灰白色绒毛。

2. 卵 长约 3 毫米,宽约 1 毫米,长椭圆形。初产出时为乳白色,后变为黄白色,表面光滑,孵化前出现黑褐色斑纹。卵块排列成菊花状。

3. 幼虫 属复变态,共 6 龄,各龄形态不同。1 龄幼虫衣鱼形,腹部末端有 1 对长尾须,体长 4～5 毫米,深褐色。口器和胸足发达。二、三、四、六龄幼虫,蛴螬形,乳白多皱。五龄幼虫类似象鼻虫幼虫,体长为 8～10 毫米,全体被一层薄膜所包裹,亦称"伪蛹"或"假蛹"。

4. 蛹 体长 15.4 毫米,黄白色。头宽 2.8 毫米,复眼黑色。前胸背板侧后缘左右各有长刺 9 根。第一至第六腹节背板后缘左右各生刺 6 根,第七、八腹节左右各生刺 5 根,翅芽达腹部第三节,后足几乎达腹部末端,第九腹节短小。

【发生规律】 在华北地区一年发生 1 代,在湖北省一年发生 2 代,均以五龄幼虫在土中越冬。翌春蜕皮成六龄幼虫,老熟后化蛹,6 月下旬至 8 月中旬为成虫发生期,危害白三叶草等植物,并交尾产卵,7 月中旬开始出现幼虫,至 8 月中旬发育为五龄幼虫(假蛹),准备越冬。在 2 代区,其第一代成虫于 5～6 月份出现,第二代 成虫于 8 月中旬出现,9 月下旬后数量逐渐减少。在北京地区,该虫卵期为18～21天,一至二龄幼虫各4～6天,三龄4～7天,四龄5～9天,五龄292～298天,六龄9～13天,蛹期10～15天。成虫寿命为30～35天。

成虫白天活动,有群集取食习性,性好斗,食量大,有假死性。可分泌黄色芫菁素,能刺激人的皮肤发泡。雌虫一生只产1次卵,在5厘米深的土穴中产卵70～150粒,产后封穴。幼虫孵化后以蝗卵为食,若无蝗卵,10天左右即死亡。

【防治方法】 用2.5%敌百虫粉剂,于清晨喷撒,每667平方米用药1.5～2.5千克,杀灭幼虫。也可用90%敌百虫结晶1 000倍液喷雾。

(二)苜蓿蚜

苜蓿蚜 *Aphis craccibora* Koch,也叫做豆蚜,属同翅目蚜科,为世界性大害虫,国内分布普遍,危害三叶草等豆科植物。成蚜和若蚜聚集于植物的幼芽上、嫩茎上、心叶和嫩叶的背面,刺吸汁液,使被害植株矮小,叶子变黄,卷缩或枯萎。苜蓿蚜分泌蜜露,使叶子表面布满黏稠液体,严重影响其光合作用和呼吸作用。

【形态识别】 蚜虫的基本形态如前所述(见本书第四章第十节)。苜蓿蚜(图15)的主要识别特点如下:

1. 有翅孤雌蚜 体长1.5～1.8毫米,长卵形,墨绿色,有光泽。触角6节,第一、第二节为黑褐色,第三至第六节灰黄色,最长的第三节有圆形感觉圈5～7个,排列成行。足色暗,翅正常。腹部各节背面有暗褐色横纹,第一和第七节各有1对腹侧突。腹管圆筒状,端部稍细,黑色,具覆瓦状花纹,长度是尾片的2倍。有翅孤雌蚜的尾片为黑色,长圆锥形,明显上翘,两侧各有 3 根刚毛。

2. 无翅孤雌蚜

体长 1.8～2.0 毫米,
较肥胖,黑色或紫黑
色,有光泽,体表被均
匀的蜡粉。触角 6 节,
第一、第二和第五节的
末端和第六节为黑色,
其余为黄白色。腹部体
节分界不明显,背面有
1 块大型灰色骨化斑。

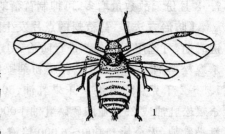

3. 卵　长椭圆形,
初产出时淡黄色,中期
变为草绿色,最后变为
黑色。

图 15　苜蓿蚜
1. 有翅孤雌蚜　2. 无翅孤雌蚜(示胸腹部)

4. 若虫　共四龄,体节明显,灰紫色或灰褐色。有翅若蚜
尾片不上翘。

【发生规律】　苜蓿蚜在长江流域以北每年发生 20 代左
右。主要以无翅成蚜和若蚜在豆科植物的心叶和根颈处越冬,
少数以卵越冬。在华北,越冬成蚜和若蚜于 3 月上中旬开始活
动,先在越冬寄主上取食和繁殖。4 月下旬,当气温上升到
14℃以上时,产生大量有翅蚜,迁飞扩散。6 月份至 7 月初,无
翅蚜大量繁殖,危害最烈。10 月份又产生有翅蚜,少数产生性
蚜,交配产卵,以卵越冬,大部分以无翅成蚜和若蚜越冬。

苜蓿蚜发育的最适温度为 19℃～22℃,最适相对湿度为
60%～70%,在 5℃以下和 35℃以上则不能繁殖。大风和暴雨
对其生存不利。主要的天敌有蚜茧蜂、食蚜蝇、瓢虫和草蛉等。

7～8月份天敌数量增多,可抑制苜蓿蚜发生。

【防治方法】 苜蓿蚜的点片发生阶段,是药剂防治的关键时期,可选用下列药剂进行防治:①用1.5%乐果粉剂、2%杀螟松粉剂或2.5%亚胺硫磷粉剂喷粉,每667平方米用药1.5～2千克。②用40%乐果乳油、50%马拉硫磷乳油、50%杀螟松乳油或25%亚胺硫磷乳油1 000倍液喷雾。③用20%氰马乳油(灭杀毙)4 000～6 000倍液、20%氰戊菊酯2 000～3 000倍液或50%抗蚜威可湿性粉剂5 000倍液喷雾。另外,强度降雨对苜蓿蚜生存不利。在苜蓿蚜发生期间,可强力喷水,冲死草上的蚜虫。

(三)斑 须 蝽

斑须蝽 *Dolycoris baccanum* (L.),又叫细毛蝽,属半翅目蝽科,在国内各地均有分布。该虫为多食性害虫,危害豆类、谷类、蔬菜、棉、麻、果树和林木等。以成虫和若虫刺吸嫩叶、嫩茎、花蕾和嫩果的汁液,使叶片发黄和皱缩,植株顶部萎蔫,生长迟缓,严重时使草坪一片枯黄。

【形态识别】

1. 成虫 体长8～13.5毫米,宽约5毫米,黄褐色或紫褐色,密布黑色小刻点和黄白色细绒毛。复眼小,红褐色,触角5节,各节基部淡黄色,其余部分为黑色,形成黑黄相间的状态。小盾片三角形,端部钝而光滑,黄白色。前翅革片淡红色至暗红褐色,膜片黄褐色透明,足黄褐色,散生黑点。腹部腹面黄褐色或黄色,具黑色点刻(彩照58)。

2. 卵 长圆筒形,上端具卵盖。初产出时为黄色,几小时后变为赤黄色或灰黄色,并出现1对红色眼点。卵壳有网状纹,密被白色绒毛。卵粒整齐排列成单层卵块。

3. 若虫 共五龄。体型较小,翅芽较短。自腹部第二节开始,背面中央各有一个背腺斑。

【发生规律】 斑须蝽在淮河流域以北每年发生 1～3 代,以成虫在植物根际、枯枝落叶下、树皮裂缝中或屋檐底下等隐蔽处越冬。翌春,当日均温达 8℃后开始活动为害。在黄淮流域各代发生时间大致如下:第一代为 4 月中旬至 7 月中旬,第二代为 6 月下旬至 9 月中旬,第三代为 7 月中旬一直到翌春 6 月上旬。后期世代重叠现象明显。各代除食害草坪三叶草外,第一代对小麦,第二代对烟草,第三代对烟草和蔬菜,都有严重危害。

成虫取食旺盛,雌虫多数产卵于中上部叶片正面,少数产在背面,卵块单层片状,每头雌虫产卵 100 粒左右。初孵出的若虫群集取食,二龄后分散,四至五龄若虫和成虫有假死性。6 月下旬至 7 月中旬,当旬均温为 24℃～26℃,相对湿度在 80％以上,并有少量降雨时,最有利于斑须蝽的生长发育。若冬季温度过低和干旱,其成虫越冬存活率低。

斑须蝽的天敌,主要有稻蝽小黑卵蜂、斑须蝽沟卵蜂、稻蝽沟卵蜂、华姬猎蝽和大草蛉等。其中前三种卵蜂的寄生率较高。华姬猎蝽成虫每天平均可捕食一至二龄斑须蝽若虫 21 头。

【防治方法】 利用斑须蝽的假死习性,扫网捕杀。药剂防治,可用 50％辛硫磷乳油、80％敌敌畏乳油或 40％乐果乳油 1 000～1 500 倍液喷雾。也可用 20％杀灭菊酯、或 2.5％溴氰菊酯乳油 3 000～4 000 倍液喷雾。

（四）盲 蝽 类

盲蝽类昆虫,属半翅目盲蝽科。危害草坪白三叶的盲蝽种类很多,主要有绿盲蝽、三点盲蝽、苜蓿盲蝽、中黑盲蝽和牧草盲蝽等。绿盲蝽分布最广,全国各地均有分布。苜蓿盲蝽在长江流域以北发生较多。牧草盲蝽以西北、华北和东北地区发生较多。

盲蝽类是多食性害虫,寄主范围相当广泛。除食害白三叶等豆科植物外,还可取食棉花、蔬菜、禾谷类和油料作物。其成虫和若虫刺吸生长点、嫩叶和嫩茎,使受害部分逐渐枯黄、凋萎,草坪失去应有的色泽和紧密度,甚至完全被毁。

【形态识别】 盲蝽的基本特征,详见本书第四章"赤须盲蝽"一节。在此仅介绍重要种类的识别特征(图16)。

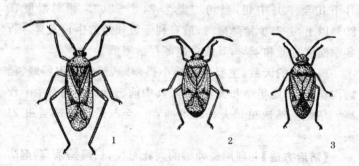

图 16 盲蝽类成虫

1. 苜蓿盲蝽 2. 绿盲蝽 3. 牧草盲蝽

1. 绿盲蝽 *Lygus lucorum* Mryer-Dur.

(1)成虫: 体长5毫米左右,雌虫稍大,绿色具细毛。触角比虫体短,第二节的长度约等于第三、第四节之和。前胸背板上有黑色小刻点。前翅绿色,膜质部暗灰色,胫节刺浅色。

（2）卵：绿盲蝽的卵长约 1 毫米,口袋状,卵盖乳白色,中央凹陷,两端较突起,无附属物。该虫将卵散产于植物组织内,只留卵盖在外。

（3）若虫：初孵出若虫短而粗,体绿色,复眼红色。五龄若虫鲜绿色,具黑色细毛,复眼灰色,触角淡黄色,末端渐深。翅芽尖端蓝色,长达腹部第四节。足淡绿色,跗节末端及爪黑褐色。

2. 苜蓿盲蝽 *Adelphocoris lineolatus* Goeze

（1）成虫：体长 7.5 毫米,黄褐色。触角比身体略长。前胸背板有 2 个黑色圆点,小盾片上有"冂厂"形黑斑,胫节刺着生处有黑色小点。

（2）卵：长 1.3 毫米,淡黄色,卵盖平坦,黄褐色,边上有 1 个指状突起。

（3）若虫：末龄若虫黄绿色,复眼紫色,触角黄色。翅芽超过腹部第三节,腿节有黑斑,胫节具黑刺。

3. 牧草盲蝽 *Lygus pratensis* (L.)

（1）成虫：体长 6 毫米左右,黄绿色。触角比体短,前胸背板有橘皮状刻点,侧缘黑色,后缘有一黑纹,中部有 4 条纵纹,小盾片黄色,中央呈黑褐色凹陷。后足股节(腿节)环纹及胫节基部均为黑色。

（2）卵：长约 1.1 毫米,卵盖边有一丝状附属物,卵盖中央凹陷。

（3）若虫：末龄若虫体绿色,触角色淡,末端红黄色。前胸背板中央两侧、小盾片两侧和第三、第四腹节间各有一个圆形黑斑。

【发生规律】

1. 绿盲蝽的发生　在北纬 32°以北地区一年发生 3～4 代,在长江流域一年发生 4～5 代。以卵在植物茎表皮组织中越冬。在河南,3 月下旬卵开始孵化,第一代主要危害豆科作物和禾草,6 月份发生第二代,7～8 月份发生第三代和第四代。由于产卵时间过长,有世代重叠现象。成虫将卵散产于嫩叶主脉、叶柄、嫩茎等组织内。在长江流域,绿盲蝽第五代成虫于 9 月份羽化,10 月上中旬产卵并开始越冬。

2. 苜蓿盲蝽的发生　苜蓿盲蝽在北京地区一年发生 3 代,在山西、陕西和河南多为 4 代,在南京为 4～5 代。以卵在豆科植物茎秆里或杂草枯茎内越冬。越冬虫卵于 4 月上旬开始孵化,第一代成虫在 5 月上旬开始羽化,第二代在 6 月下旬开始羽化,第三代在 8 月中旬羽化。9 月中旬,成虫在寄主组织内产卵越冬。成虫刺孔产卵,一孔一卵,卵盖微露似小钉。以后产卵处植物组织逐渐裂开,露出一排排虫卵。第一代产卵处距地面稍高,以后各代逐渐降低,最后一代卵产于近地面的根部附近。

3. 牧草盲蝽的发生　在陕西关中一年发生 3～4 代,以成虫在植物根部周围、枯枝落叶中、树皮裂缝内、杂草下以及土缝内越冬。越冬成虫在 3 月下旬到 4 月上旬出现,平均气温达 9℃后开始产卵。越冬代成虫寿命最长,其他各代只有 25 天左右。

上述几种盲蝽适温范围都较宽,如苜蓿盲蝽为 20℃～35℃。春季低温,卵孵化时间推迟,夏季高温时成虫大量死亡。盲蝽为喜湿性昆虫,相对湿度在 60%以上时卵才能孵化。在 6～8 月间降雨偏多的年份,危害加重。

【防治方法】　参见赤须盲蝽的防治方法。

(五)二点叶螨

二点叶螨 *Tetranychus urticae* Koch,亦称棉叶螨和普通叶螨等,为蜱螨目叶螨科害螨。该螨分布普遍,是北方的优势种,可危害 45 科 200 种以上植物,尤喜食害豆科、锦葵科、茄科和菊科作物。成螨和若螨主要栖息在植物叶片背面和嫩茎等部位,刺吸汁液。被害叶片褪绿发黄,皱缩扭曲,逐渐枯萎死亡。

【形态识别】 螨类的基本特征见本书第四章"麦圆叶爪螨"部分。本节介绍二点叶螨识别特点。

1. 成螨 雌螨体长 0.5 毫米左右,宽 0.3 毫米,椭圆形。越夏型黄绿色,背面两侧有暗色斑。越冬型体背暗色斑消失,体色橙黄或为橘红色。雄螨较小,体末略尖,呈菱形,为黄绿或橙绿色。

2. 卵 圆球形,直径约 0.1 毫米,初产出时为乳白色,后渐变为黄色,孵化前透过卵壳可见两个红色眼点。

3. 幼螨 近半球形,淡黄色或黄绿色,足 3 对。

4. 若螨 体椭圆形,足 4 对,行动敏捷。

【发生规律】 二点叶螨每年发生 10～20 代,代数自北向南逐渐递增。以受精后的雌螨在土壤裂缝、残株及草丛根际越冬,也有少量在树皮裂缝和石块下越冬,极少数以雄螨或若螨越冬。在我国北方,越冬雌螨于 4 月上中旬开始活动,在叶背取食和繁殖。该螨主要进行两性繁殖,但在缺乏雄螨时,也能孤雌生殖,孤雌生殖的后代全是雄螨。雌螨交尾后 1～2 天即能产卵,卵单产,多产于叶背主脉两侧自身拉的丝网下面。每头雌螨产卵平均 50～150 粒,产卵期平均 14 天。完成一代需 7～22 天。

高温干燥的天气,适于二点叶螨发生。其发育适温为 7℃～40.1℃,25℃～31℃时最适;适宜的空气相对湿度为 70%以下,35%～55%时为最适。二点叶螨的天敌有 35 种以上,天敌数量增多,可控制其发生。

【防治方法】

1. 农业防治　清除草坪附近的杂草,收集草坪修剪作业剪下的茎叶及其他杂物,移出草坪,以减少越冬场所。结合灌溉除虫,喷灌可击落和淹死部分螨体。发生数量大时,进行碾压、耙糖,杀伤螨体。药剂防治时,尽量选择对天敌昆虫毒力小的杀螨剂,以保护天敌。

2. 药剂防治　可用 20%三氯杀螨醇乳油 800～1 000 倍液,或 20%双甲脒(螨克)乳油 1 000 倍液喷雾,也可用 73%克螨特乳油 2 000～3 000 倍液喷雾,但杀卵效果较差。

(六)烟 蓟 马

食害草坪白三叶的蓟马种类很多,其中以烟蓟马 *Thrips tabaci* L. 最为常见。烟蓟马除食害草坪白三叶外,还食害其他豆科植物及烟、棉、葱、蒜、韭菜、洋葱、瓜类、马铃薯等多种植物,是一种多食性害虫,仅在我国记载的寄主植物,就已达 70 多种。在国内各省、自治区均有分布。该虫以锉吸式口器危害嫩叶和生长点。叶片被害后,形成银灰色的小点,以后扩大成小斑块,叶片变形变脆,生长迟缓,甚至干枯死亡。

【形态识别】　蓟马的基本特征见本书第四章蓟马类的介绍。烟蓟马各虫态特点如下:

1. 成虫　体长 1～1.3 毫米,宽约 0.3 毫米,长形,全体黄褐色。头部近方形,复眼紫红色,表面粗糙呈颗粒状,3个单眼排列呈三角形。触角7节,第三、第四节端部各有一个"U"形感觉锥,第五节端部两侧各有1个短感觉锥,第六节有1个细长感觉锥。两对翅窄长,下缘缘毛长,前脉上脉有基鬃7条,端鬃4～6条。若端鬃为4条,则均匀排列,若为5～6条,则多为2～3条在一起。下脉鬃共14～17条,均匀排列。

2. 卵　长约0.29毫米,宽约0.12毫米。初产出时为肾形,乳白色,后变为卵圆形,黄白色,并可见红色眼点。

3. 若虫　共四龄。一龄若虫体长0.3～0.6毫米,白色透明。触角6节,第四节膨大呈锤状。二龄体长0.6～0.8毫米,浅黄至橘黄色,行动较活泼。三龄(前蛹)体长1.2～1.4毫米,触角向两侧伸出,翅芽明显,达腹部第三节。四龄虫(拟蛹)体长1.2～1.6毫米,触角伸向头胸部背面。

【发生规律】　在我国黄河流域及其以北地区,每年发生3～10代,以成、若虫潜伏于土壤、土块、枯枝落叶下及百合科蔬菜的叶鞘内越冬,少量以拟蛹在土缝中越冬。翌春,越冬成虫和若虫先在寄主上活动一段时间后,即迁飞至草坪白三叶草上食害并繁殖。一般5月中旬至6月中旬危害最重,直至10月下旬进入蛰伏状态越冬。

成虫善飞能跳,可借风传播。怕阳光直射,白天多隐藏在叶基部,早、晚和阴天活跃取食。该虫耐低温能力较强,在-4℃下经4昼夜仍能正常发育。日均温达4℃时,成虫即开始活动,10℃以上时成虫取食活跃,16℃～20℃时,虫量增加迅速。一般气温在25℃以下,相对湿度在60%以下,有利于其发生,高温、高湿和暴风雨不利其生存。

该虫大多数为雌虫,雄虫罕见,主要行孤雌生殖。雌虫用锯形产卵器将卵产于叶、茎及叶鞘的组织中,每头雌虫产卵

20～100粒,平均50粒。二龄若虫在寄主表面活动为害,二龄后期转入地下,在表土中经历"前蛹"(三龄)和"拟蛹"(四龄)期。这两个虫期不取食,受惊后只能缓慢爬动,羽化后的成虫活动强烈。

烟蓟马的主要天敌有小花蝽和华姬猎蝽。

【防治方法】　参见第四章禾草蓟马类的防治方法。

六、草坪病虫害的综合防治

草类多是多年生植物,有利于病虫害持续发生。加之坪草类型多,养护水平不一,布局零散,病虫发生态势相当复杂,防治的难度较大。坪草病虫害防治必须切实贯彻"预防为主,综合防治"的植保工作方针。草坪多分布在城市和居民区,坪草病虫害防治措施不得污染景观和环境,不允许发生人和动物中毒事故。为此,必须限制农药使用,提倡使用抗病品种,重视栽培防治和生物防治。

(一)基本要求

1. 准确提出防治对象

坪草病虫害种类很多,首先要在准确识别病虫种类的基础上,确定防治对象,才能有的放矢地进行防治。对当地病虫不作系统调查,或不能正确地鉴别病虫种类,仅仅依靠大量使用混合农药,盲目防治,这不但不能达到防治目标,而且势必提高防治成本,增强有害生物的抗药性,减少有益生物,污染环境。因此,准确识别和确定防治对象,是科学防治的基本前提。

在坪草的众多病虫害中,只有引起明显经济损失的种类才需要防治。判明病虫害的危害程度,需用试验的方法实地进行损失测定,找出病虫发生程度与损失之间的定量关系。那些对草类生长和草坪质量有严重危害、且难以防治的病虫种类,应作为重点防治的对象。危害较轻,较易防治的病虫,在防治重点对象时即能兼治,不需再采取特定防治措施。一般说来,在害虫防治中,当前应以地下害虫、爆发性食叶害虫以及局部严重发生的种类,作为重点防治的对象。病害中,则以严重的土传病害,例如禾草的腐霉疫病、草地褐斑病和三叶草菌核病等,以及流行速度快的锈病、白粉病和某些叶枯病,为重点防治对象。当地尚未发生的危险性病虫,必须加强检疫和监测,严防传入。

2. 确定合理的防治目标

有害生物防治的基本目标,是将病虫害数量压低到经济允许水平之下,而非"一扫光",彻底消灭。对于具体的病虫害,需要设定防治指标。这样做,不仅符合经济学原则,而且有利于发挥天敌的调控作用。草坪类型多,对于精细草坪、高价值草坪,重要纪念地和风景区的草坪,不仅要保持其实用价值,而且景观亦不容损坏,病虫害防治的要求较高。普通绿化草坪和实用草坪,管理较粗放,防治目标亦可适当调低。生长健旺的禾草,本身就可以忍受一定的病虫危害并能迅速恢复正常。但是,不论何时何地,只要发现检疫对象和外来的危险性病虫,则必须彻底铲除。

3. 实行综合防治

多种草坪病虫往往同时发生或前后发生,必须依据它们的发生规律,因地制宜地协调使用各种防治方法,实行综合防治,亦即"病虫要兼治,措施要综合"。防治方法应高效、经济、安全。多种方法有主有次,要相互配合,灵活应用,构成完整的综合防治技术体系。防治坪草病虫害,可采用植物检疫、利用抗病虫品种、栽培防治、生物防治、机械和物理防治以及药剂防治等多种防治方法。由于受到植保技术水平的限制,多数病虫的防治,当前仍以栽培防治为基础,以药剂防治为主导。今后应大力选育抗病、抗虫品种,开发实用生防技术,以期将来以品种防治和生物防治取代药剂防治。

4. 提高单项防治技术的水平

单项防治技术,是病虫害综合防治的技术基础,只有提高单项防治技术的水平,才能有效地进行综合防治。在防治对象和防治策略确定之后,就需要进一步收集病虫信息,了解其发生规律,鉴选抗病、抗虫草种与品种,通过试验或试用,确定适用药剂与施药方法,制定栽培防治方案。在采用每项防治措施之前和之后,都要调查和记载病虫发生情况,以期合理评价各项措施的优劣得失,提出改进的途径。

病虫发生预测,是关于病虫发生趋势、发生程度和发生时期的预见性意见。此种意见由系统分析病虫调查资料和相关环境因子监测资料而得出,是制定防治方案和做出防治决策的重要依据。应当不失时机地开展病虫系统调查,积累资料,以期提出预测办法,逐步开展测报工作。

坪草病虫害防治,尚处于起步阶段,需要加强防治技术研究,搞好植保知识的普及,培训技术力量。当前特别要改变滥施农药或严重漏防、放任病虫发生的被动局面。

(二)引种检疫

　　草坪业在我国是一个新兴产业,大规模建植草坪的历史还不长,尚未进行全国性病虫害系统调查,坪草病虫害发生的底码不清。我国南北各地建坪所用草种,绝大部分是由境外引入的,引种批次多,数量大,传带危险性病、虫、草害的几率较高。因而由境外引进草坪禾草种子或无性繁殖材料时,应搞好植物检疫。

　　引种者或引种代理单位,应严格遵守《中华人民共和国进出境检疫法》和《植物检疫条例》的有关条款。在引种前,应主动了解草坪种子的原产地和疫情,不从发生危险性病虫害的国家或地区引种,还要在涉外贸易合同或协议中,申明我国的检疫要求,并要求输出国家或地区植物检疫机关出具检疫证书。由境外引种者,事先要填报《引进种子、苗木检疫审批单》,向有审批权的检疫机构提出申请。审批单需写明申请引进的草种和品种名称,引进的植物部位、用途和数量,原产国家或地区以及引入后种植地区等重要事项。

　　国务院有关部门所属在京单位、驻京部队单位、外国驻京机构等引种时,应在对外签定贸易合同和协议之前,向农业部植物检疫授权单位提出申请,办理审批手续。各省种苗引进单位或者代理进口单位引种时,需向种苗种植地的省级植物检疫机构提出申请,办理引种审批手续。引种数量较大的,由种植地的省级植物检疫机构审核并签署意见后,报农业部检疫授权单位审批。审批机关对引种申请进行审查后,认为符合引种要求的,发给检疫审批单,填写检疫要求和审批意见。

引种者或其代理人,在引进的种子到达进境口岸前或到达时,应填写《动植物检疫报告单》,向入境口岸检疫机关报检。报检时应提供检疫审批单、输出国家或地区官方检疫证书、贸易合同和货运单等文件。检疫部门接受报检后实施检疫。经检疫发现引进种子带有危险性病、虫、杂草的,由口岸检疫机关签发检疫处理通知单,通知引种者或其代理人作除害、退货或者销毁处理。检疫合格的,或经除害处理后合格的,准予进境。由口岸检疫机关签发放行通知单,或者在报关单上加盖检疫放行章放行。

引进的种子,必须隔离试种,合格后方可分散种植。引种者在申请引种前,应安排好试种计划。引种后,应按检疫机构的要求,在指定地点集中进行隔离试种。一年生草种隔离试种时间不得少于一个生育周期,多年生草种不得少于两年。在隔离试种期间,经当地植检机构,证明确实不带检疫对象的方可分散种植。引进商品种子,应先少量引进隔离试种合格,并提出隔离试种报告后,方得从同一来源扩大引进。

在国内省级行政区域间调运种子,必须事先征得所在地省级植物检疫机构或其授权的地(市)、县级植物检疫机构的同意,并取得检疫要求书,向调出单位提出检疫要求。调出单位或个人必须根据该检疫要求向本省植检机构或其授权的当地植检机构申请检疫,填写《植物检疫申报表》,交纳检疫费。检疫机构按调入地检疫要求受理报检,并实施检疫。检疫合格后,签发植物检疫证书,准予调运。若发现带有检疫对象时,则出具检疫处理通知书,要求进行除害处理,合格后签证放行;未经除害处理或处理不合格的,不准放行。调入地检疫机构应查核检疫证书,必要时可进行复检。复检中发现问题的,应与原签证单位共同查清事实,分清责任,由复检机构按规定处理。省内调运种子时,按当地规定履行调运检疫手续。

通过邮政、民航、铁路和交通运输部门,邮寄、托运种子和无性繁殖材料时,须事先到当地植检部门办理检疫手续,领取植物检疫证书,上述部门凭检疫证书收寄或承运。

在我国现行进境植物检疫危险性病、虫、杂草名录中,和全国植物检疫对象名单中,还没有专门为草类设定的对象。但其中有些病、虫寄主范围较广,也能经由草类种苗传带或能够危害草类。许多国内尚未发生的草类危险性病虫害,虽没有被列入植物检疫对象,但若在植物检疫中发现,仍需按农业行政管理部门的规定做检疫处理。草坪工作者和草坪种子业从业人员,应加强检疫观念,遵守检疫法规,防止引入或传播危险性病虫。

(三)抗病性和抗虫性利用

利用植物的抗病性和抗虫性,选育和种植抗病、抗虫品种,是防治病虫害的最经济有效的途径。在欧、美等发达国家,草坪禾草和三叶草的抗病育种成绩斐然,对多数重要病害,例如白粉病、锈病、叶黑粉病和多种叶斑、叶枯病等,都已选育出了抗病品种。

1. 抗病性利用

在草类病害防治中,实际利用的抗病性有两类:一类是利用不同亚科、属和种的抗病性差异,合理选择草种或草种组合;另一类是利用品种的抗病性。它表现为同一草种内品种间的抗病性差异。控制品种抗病性的基因主要来源于种内,但也有些是来源于其他属、种的异源抗病基因。品种抗病性,现已广泛用于草类抗病育种。

当前利用草类抗病性的主要途径有以下几种:

(1)选择使用不感病的草种

对于严重发生某种病害的草地,可以用不感病的草种替换原有草种,以避开病害的发生。例如,严重发生菌核病的白三叶草坪,可换种不感病的禾草。草坪早熟禾严重感染镰刀菌根腐病后,可换种翦股颖。

(2)混播抗病草种或品种

使用不同草种或同一草种的不同品种混合建植草坪,其中包括对当地主要病害抗病的草种或品种。草种组合应有利于发挥各组分的优良特性,取长补短,以适应当地的环境条件和养护水平,满足对草坪质量和维持年限的基本要求。冷季型草坪,常用草地早熟禾、细羊茅和草坪型多年生黑麦草的适宜品系混播。有些草坪则用草地早熟禾三个以上形态相似的抗病品种混播。白三叶与早熟禾、紫羊茅、多年生黑麦草或匍匐翦股颖等禾草混播,也有较好的防病作用。高尔夫球场球穴区草坪和其他有特殊要求的优质草坪,则多单播冷季型禾草(多用匍匐翦股颖)的一个品种,以保证高度均一性。此时难免遭受各种病害侵染,必须加强药剂防治。

(3)引进和选育抗病品种

随着草坪建植规模的扩大和使用年限的增长,病虫防治将成为草坪管理的中心环节。鉴于国内育成的品种很少,应着重引进国外综合性状优良的抗病品种。从国外引种要有明确的目标,要确定对主抗病害和兼抗病害的基本要求。由于在不同国家之间或同一国家的不同地区之间,病原菌种类不同,即使是同一种病原菌,还可能存在不同的专化型或小种,因而在国外表现抗病的品种,引进后在国内不同地区可能表现抗病,也可能表现感病。因此,必须经过抗病性鉴定或试种后,才能明确引进品种的应用价值。切忌盲目引种和引进后草率推广种植。

抗病育种包括育种目标的确定,抗病原始材料的收集、整理、筛选和创制,系统选种或杂交育种以及区域试验等一系列工作,周期较长。我国有很多优良的抗病种质资源,搞好抗病育种工作的潜力很大,需加快进行。

(4)合理应用耐病的或中度感病的品种

草坪植物对各种病害都可能具有程度不等的耐病性,值得深入研究和利用。耐病品种多具有较强的生理补偿功能,受到病害危害后,恢复较快、损失较轻。禾草对某些根病、叶枯病没有抗病品种,尤应强调选用耐病品种。在没有可用的抗病品种时,还可以选用中度感病品种,以减低发病程度。如配合使用其他防治措施,则能更好地控制病害发生。

2. 抗虫性利用

有些草类植物,对昆虫有较高的选择性,只能吸引一定种类的昆虫栖居、产卵和取食。另一些植物种或品种,体内具有对害虫有毒的物质,或者缺乏昆虫所必需的营养物质,能杀死害虫,或者抑制害虫生长发育,缩短其寿命,降低其繁殖率。还有些品种,具有很强的生理补偿能力,受害程度低。利用草类植物的上述特性,可以选育抗虫品种。例如,新西兰育成了多个抗虫的草坪用多年生黑麦草新品种,这些品种体内含有内生真菌,能产生对昆虫有毒的物质,因而能抵抗阿根廷象甲以及其他多种害虫。

（四）栽培防治法

栽培防治法，是在全面认识和掌握有害生物、草坪植物和环境条件三者之间相互关系的基础上，运用各种草坪管护措施，压低病虫害数量，提高草坪植物的抗病性、抗逆性和抗虫性，创造有利于草坪植物生长发育而不利于病虫害发生的环境条件。栽培防治方法，大都与常规草坪养护管理措施相结合，这样既经济安全又简单易行。

1. 改善立地条件

建坪前做好场地准备，清除石块、杂物，防除杂草，特别要彻底灭除多年生根茎型杂草。表层15～20厘米深的土壤过于贫瘠时，宜换用农田土或菜园土，施用不带有杂草种子、害虫和病残体的腐熟有机肥。运动场草坪种植层，按 $75\%～90\%$ 的比例加沙，以形成通透性好的土壤结构。还要设置完善的灌溉和排水系统。总之，场地准备是建立优良草坪，减轻病虫危害的基础工作，必须做好。

草坪因过度践踏会造成表层土壤坚实，土粒间空隙减少，透气性差，二氧化碳积累，禾草根系浅而弱，水分、肥料和农药又不易渗入，灌溉或降雨后草坪表面易积水。这些变化特别有利于病害的发生。解决土壤紧实问题，除应在建坪时采取预防措施外，对已建成的草坪，必须及时采取打孔、穿刺、切割等耕作措施。

遮荫，是草坪衰弱、多种叶部病害多发的重要诱因。树阴下生长的禾草，因光照不足，光合作用受抑，抗病性降低。榆、柳、槭等浅根型树种，消耗大量水分和养分，禾草受害尤重。遮荫草坪气流不畅,湿度偏高,温度较低,日照时间短,其小气候有利于病原菌孢子萌发和侵染,因而白粉病和叶枯病常严重发生。为防止过度遮荫,在草坪规划设计阶段,应估计到多年后草坪周边的乔木和灌木生长状况,从而就树种和品种、树木株数、间距、走向等作出合理的选择。同时,选择种植耐阴草种和品种。钝叶草、结缕草、假俭草和细羊茅等草种,在中度遮荫条件下生长良好,白粉病较轻。有些草地早熟禾品种适应半遮荫条件,亦可选用。遮荫的草坪,坪草修剪时留草宜高,以减少速效氮肥的施用。周围树木要单独深施肥料,间伐或疏剪树冠,改善通风透光条件,及时清除覆盖草坪的树叶。

2. 提高建坪质量

要使用无病种子,或者预先用杀菌剂处理种子。移栽的草皮块、草塞、单株、幼枝、匍匐茎、根状茎和根蘖等材料,应健康无病,移栽前要喷药保护。客入的土壤和沙子,施入的有机肥料,也不得带有害虫和病株残体。前作物若发生严重根病和土壤线虫,则不宜用于建坪;若必须使用,需用熏蒸剂处理土壤或换土。另外,还应避免在阴雨低湿时期播种建坪,以防止延长出苗时间,有利于苗病发生。

3. 平衡施肥

合理施肥的草坪,禾草获得平衡的营养,健壮美观,抗病能力强,受到病虫危害后恢复较快。草坪施肥方案,需依据土壤肥力水平和理化性质、禾草种类及其需肥特点、养护要求等因素制定。利用强度大、修剪次数多、践踏严重的草坪,宜增加追肥次数和施用量。缺乏微量元素的草坪,还应施用相应的微肥。

病害常发、易发的草坪,应按以下方法调整施肥的方案:①适当增加磷肥和钾肥用量,提高植株抗病能力。坪草根病多发草坪,宜增施有机肥。②根据病害种类调整氮肥施用量。草地褐斑病、腐霉疫病、雪霉叶枯病、离蠕孢叶枯病、德氏霉叶枯病和镰刀菌所致病害,以及春季死斑病等,在偏氮时病重,应减少氮素施用量。红丝病、铜斑病、币斑病、锈病和叶黑粉病等在氮素缺乏、土壤瘠薄时病重,可增加氮肥施用量。③调整追肥次数和追肥时间。减少追施氮肥次数有利于控制高氮时多发的病害。春季和初夏为多数叶斑、叶枯病害病情增长期,若禾草叶片中可溶性氮含量增多,则发病趋重。因而在这一时期,应尽量避免或减少氮素追肥,适当喷洒速效磷肥。根病或叶病已经严重发生,植株衰弱时,则应补充施肥,以增强禾草恢复力和生长势。总之,应根据病害发生情况,灵活施肥,发挥对禾草生长的促、控作用,减轻病情和病害损失。④改变肥料形态。硝态氮会加重全蚀病的发生,铵态氮减轻其发病。发生全蚀病的草坪,宜施用铵态氮。

4. 合理灌溉

草坪要合理排灌,做到既能保证禾草生长对水分的需求,又避免土表积水或湿度过高。土壤水分饱和或地面积水,严重削弱禾草根系功能,有利于腐霉菌、镰刀菌、丝核菌、白绢病菌和全蚀病菌的侵染,导致根病大发生。草坪需根据品种的需水特性、土壤水分含量和天气状况,决定灌水量和灌水次数。苗期,要及时灌水,少量多次,保持土壤表面湿润。分蘖后,要逐渐减少灌水次数,增加灌水量。每次灌水要浇透,使根系充分湿润。灌水次数过多,地面经常水湿,禾草根系浅,生长弱,且冠层湿度高,有利于叶病发生。但若灌水不足,土壤干旱,则有利于镰刀菌综合症发生。此外,植株感染根病和茎基部病害后,根系吸水和水分输导减弱,此时若遇干旱高温,常导致病株大量死亡。

叶部病害的病原菌,只有在叶片表面有露水,处于湿润状态时,才能侵入。为了降低草坪湿度,缩短结露时间,除了控制灌水量,改善草坪通风透光条件外,还要调整灌水时间,不在傍晚、夜间以及早晨露水未干之前灌溉。必要时还可在早晨用竹竿、绳索等工具,人工扫除叶面露水和叶尖溢泌的液滴。

合理灌水,也有利于减轻虫害发生。喷灌可击落、淹死小型害虫。冬灌能破坏地下害虫越冬生活环境。反之,草坪长期干旱,则有利于蚜虫、蓟马、叶蝉和螨类繁殖与猖獗发生。

5. 适度修剪

禾本科草修剪不当,有利于病虫害发生。剪草刀片能传播病原菌孢子和菌丝体,病原菌可由剪草造成的伤口侵入。腐霉菌病害多呈条带状分布,与剪草运行方向一致。多种病菌能在叶片切断处定植,形成病痕,再向叶片基部扩展。为减少修剪造成的侵染,应尽量在露水消失、叶面干燥后进行修剪作业。刀片务必要保持锋利,用钝刀片会撕裂叶片,伤口呈锯齿状,愈合慢。坪草重病的草坪,应单独修剪。修剪后,对刀片要进行表面消毒,以防病原菌交叉感染。留茬高度和修剪次数,应依据坪草种类、养护程度、环境条件和病害发生情况,合理确定。坪草发生严重病虫害后重新恢复时,留茬应高一些。夏季冷季草亦应留茬较高,以提高其耐热、耐旱性。在树阴下生长的草坪,由于光照不足,植株瘦弱,留茬需增高。留茬高度不适当,尤其是剪草量过大或齐根修剪时,会严重减低光合作用,削弱禾草生长势和抗病虫害的能力。坪草剪得过低,根系较浅,从土壤中吸取水分和营养的能力减弱。剪草过低还刺激植株分蘖增多,从而提高了草坪密度和冠丛湿度。这些变化都有利于病害的发生。

草坪修剪,可减少病虫数量。但是,剪下物必须收集移走,并予掩埋或烧毁,不得弃置于草坪内,否则剪下物可能传播扩散病虫,使草坪受害加剧。

6. 减少枯草层

枯草层,是长期积累覆盖在草坪土壤表面的死亡禾草植株的腐烂层。其根、根状茎、匍匐茎、茎秆等含木质素较多的禾草器官的遗存,是枯草层的主要成分。枯草层发育旺盛,厚度超过 1.3~2.0 厘米,往往对草坪管护带来诸多不利影响。多种病原菌和害虫潜藏在枯草层中或枯草层下越冬或越夏,渡过环境不利时期,成为病虫害大发生的菌源和虫源基地。枯草层还阻滞杀虫剂、杀菌剂向土壤移动,严重降低土壤施药防治根病和地下害虫的效果。禾草的根系、根状茎和匍匐茎纠集于枯草层中,入土浅,易受干旱和温度剧烈变动的影响,加之枯草层透水透气性差,渗水慢,不利于肥、水发挥作用,从而使禾草生长衰弱,抗病性降低,受病虫危害后也不易恢复。基于以上原因,必须清理枯草层。其主要措施是使用机械垂直切割和穿刺,以促进微生物的活动和枯草层分解。

（五）生物防治法

利用有益生物及其天然产物,防治害虫和病原菌的方法,称为生物防治法。生物防治不污染环境,对人畜和植物安全,能收到长期的防治效果。但是,它也有明显的局限性。即作用发挥较缓慢,天敌昆虫和生防菌剂受环境条件及寄主条件的影响较大,效果不甚稳定。多数天敌的杀虫范围较狭窄。利用生物防治法防治草坪病虫害的实例尚少,需不断开辟生防新途径。

1. 保护利用害虫自然天敌

害虫自然天敌种类甚多,其中有捕食性昆虫(瓢虫、草蛉、食蚜蝇、食虫虻、蜻蜓、螳螂、猎蝽、步行甲、虎甲、蚁类、胡蜂、食虫蓟马等),寄生性昆虫(茧蜂、姬蜂、小蜂、蚜茧蜂、赤眼蜂、黑卵蜂、寄生蝇类等),蜘蛛,捕食性螨类和鸟类等。保护利用自然天敌有多种途径,其中最重要的是合理使用农药,减少对天敌的杀伤。要选用对天敌安全的杀虫剂,尽量少用广谱性剧毒农药和长残效农药。根据害虫和主要天敌的生活史,找出对害虫最有效而对天敌杀伤较少的时期施药。不同的施药方法,对天敌的杀伤程度差异很大,喷粉、喷雾对天敌杀伤大,而施用颗粒剂、土壤施药等则比较安全,带状施药和重点施药也有利于保护天敌。此外,还应利用农业措施改善天敌生存条件,招引和繁殖天敌。草坪害虫的自然天敌相当丰富,应当开展普查,摸清天敌种类及其发生规律,提出保护利用天敌的措施。

2. 利用昆虫激素和性信息激素

昆虫激素,是内分泌器官分泌的生理活性物质,通过血液循环输送到全身,控制昆虫的生长、发育和变态。当前,人工合成和应用较多的是保幼激素及其类似物。保幼激素由各龄期(末期除外)前半期幼虫和成虫咽侧体分泌,能抑制生长相关蛋白质的合成,干扰昆虫生长发育,使幼虫和蛹异常变态而死亡,也可引起成虫不育和卵不孵化。保幼激素及其类似物生物活性谱较广,对哺乳动物和鱼类毒性低,在土壤中易降解为无毒物质。但因昆虫虫态和龄期不同,药效不甚稳定。常见品种有烯虫酯(甲氧保幼素)、烯虫硫酯(甲硫保幼素)、烯虫炔酯(丙炔保幼素)和烯虫乙酯(氢化保幼素),用以防治蚜虫、木虱和粉蚧的效果优异。

昆虫性信息素,是由雌虫或雄虫自身分泌并释放到体外的一种微量生理活动物质。它能引诱同种异性昆虫前来交尾。利用昆虫性信息素,可以诱杀害虫以及扰乱雌、雄虫的交配。

3. 利用生防微生物

当前应用较多的杀虫微生物,仅有苏云金杆菌、日本甲虫芽胞杆菌、慢死芽胞杆菌、白僵菌、核型多角体病毒等少数种类。昆虫病原线虫制剂,已被用于防治地下害虫。苏云金杆菌简称 B.t.,能产生内毒素和外毒素两类对昆虫有害的物质。内毒素主要破坏昆虫肠道,使昆虫因饥饿和败血症而死亡。外毒素作用缓慢,干扰昆虫蜕皮和变态,使昆虫畸形死亡。苏云金杆菌对人畜、蜜蜂、天敌昆虫和植物安全,但对蚕类毒性很强。制剂有苏云金杆菌可湿性粉剂和 B.t. 乳油,可用于喷粉和喷雾,或制成颗粒剂和毒饵等,还可与低剂量化学杀虫剂混用,以提高防治效果,但不能与有机磷内吸杀虫剂或杀菌剂混用。其主要防治对象为鳞翅目幼虫,也可防治直翅目、鞘翅目、双翅目和膜翅目害虫。

病原菌的生物防治,可利于颉颃性微生物、寄生性微生物以及具有腐生竞争、促生增产或交叉保护作用的微生物。合理利用这些微生物,有两条主要途径:第一,调节环境条件,使之有利于有益微生物。例如,施用石灰使土壤偏碱性,可以促进荧光假单胞的抑菌作用。往土壤中添加植物秸秆或纤维素,提高土壤碳氮比,可促进有益微生物繁殖,减轻尖胞镰刀菌根腐病的发生。第二,直接利用颉颃菌菌剂。利用木霉菌菌剂处理种子,可控制腐霉菌和疫霉菌引致的苗期猝倒病。在我国大规模推广的增产菌是一类根围促生细菌,有明显的促进植物生长、减轻某些病害的作用。用荧光假单胞杆菌菌剂拌种或作土壤施用,可抑制全蚀病菌。

4. 利用农用抗生素

农用抗生素,是工业生产的细菌、放线菌或真菌的代谢产物,在极低浓度下能抑制或杀死植物病原微生物,有效地防治植物病害。当前已在我国登记上市的农用抗生素,有井冈霉素、公主岭霉素(农抗 109)、灭瘟素、多抗霉素、抗霉菌素120、春雷霉素等多种,但多未用于草坪。

(六)机械和物理防治法

利用人工、机械和多种物理因子防治病虫害,具有简便、经济等优点,可作为辅助防治措施应用。

人工拔除病株和利用拉网、扫网等工具捕杀害虫,是简单而实用的方法。人工拔除病株,适用于以初侵染为主的种子传播病害,像秆黑粉病、条形黑粉病、霜霉病等。土壤传播的根病,往往要经历一个由点片到全面发生的发展过程。在病点发生期,也可人工拔除病株,消灭发病中心,但同时需挖除病株周围土壤或行药剂处理。拔除病株一定要在发病初期进行,连续拔除几次,务求彻底。拔下的病株,要携出草坪,集中处理。

利用昆虫的趋性,可以设计多种害虫诱杀法。黑光灯装置,是利用昆虫对近紫外光的趋性诱虫。利用昆虫对颜色的趋性,可采用黄板或黄皿诱蚜,或在草坪上放置白布或白纸,诱集麦秆蝇。利用糖醋液诱杀小地老虎、粘虫和斜纹夜蛾成虫。利用谷草把,诱集粘虫成虫。利用油渣、鸟粪或炒香的麦麸等饵料,诱集捕杀蝼蛄等。这些都是对昆虫趋化性的利用。

物理防治法,常用于铲除种子传带的病原菌和害虫。例如利用干热处理法和温汤浸种法,可消灭多种种传病原菌;利用高频、微波和核辐射,可以杀死害虫等。

(七)药剂防治法

药剂防治具有高效、速效、使用方便、经济效益较高等优点。但是,如果使用不当,则可对植物产生药害,引起人畜中毒,杀伤天敌及其他有益生物,导致害虫再猖獗或使有害生物产生抗药性,降低防治效果。农药的高残留还可造成环境污染。当前药剂防治法是防治植物病虫害的关键措施,在面临害虫大发生的紧急时刻,甚至是惟一的有效措施。

1. 药剂及其剂型

防治草坪病虫害,最常用的药剂为杀虫剂和杀菌剂,有时也应用杀线虫剂。

杀虫剂,是对害虫有毒或能通过某种途径抑制害虫种群,减轻其危害的药剂。杀虫剂具有触杀作用、胃毒作用、熏蒸作用和内吸作用等。有的还有拒食、忌避、绝育和引诱等作用。

杀菌剂,对真菌或细菌有抑菌、杀菌或中和其有毒代谢产物等作用。现有杀菌剂绝大多数对真菌有效。保护性杀菌剂在病原菌侵入以前施用,可保护植物,阻止病菌侵染。治疗性杀菌剂能渗入植物组织内部,抑制或杀死已经侵入的病原菌,使病情减轻或恢复健康。内吸杀菌剂能被植物吸收,在植物体内运输传导,有的可上行(由根部向茎叶)和下行(由茎叶向根部)输导,多数仅能上行输导。内吸杀菌剂兼具保护作用和治疗作用。

杀线虫剂,对线虫有触杀和熏蒸作用,有些品种还兼有杀虫、杀菌作用。杀线虫剂多制成颗粒剂或乳油,用以在播种前、播种时或植物生长期处理土壤。有的品种仅能在播前使用,例如 D-D 混剂必须在播种前半个月使用,以免发生药害。常见品种有丙线磷、克线丹、棉隆、苯线磷和三氯异丙醚等。杀线虫剂的药效常受土壤温度和湿度的影响。

农药都必须加工成特定的制剂形态,才能投入实际使用。未经加工的农药叫做"原药",原药中含有的具杀虫、杀菌等作用的活性成分,称为"有效成分"。加工后的农药叫"制剂",制剂的形态称为"剂型"。通常制剂的名称,包括有效成分含量、农药名称和制剂名称等三部分。例如,70%代森锰锌可湿性粉剂,即指明农药名称为代森锰锌,制剂为可湿性粉剂,有效成分含量为 70%。坪草病虫害防治常用农药剂型,有乳油、可湿性粉剂、可溶性粉剂和颗粒剂等,其他较少使用的农药剂型,有粉剂、悬浮剂(胶悬剂)和水剂等。各种剂型需采用相适配的施药方式。

当前在药剂和剂型选用方面存在的主要问题,是缺少草坪病虫害防治的专用药剂和登记用于草坪的药剂。

2. 施药方式

在使用农药时,需根据有害生物的习性和危害特点的不同,以及药剂性质与剂型的不同,选择适宜的施药方式。主要施药方式有以下几种:

（1）喷 雾 法

利用喷雾器械将药液雾化后，均匀喷在植物和有害生物表面，这种施药方式称为喷雾法，是应用最多的施药方式。按用液量的不同，又可分为常量喷雾（雾点直径为 100～200 微米）、低容量喷雾（雾点直径为 50～100 微米）和超低容量喷雾（雾点直径为 15～75 微米）。常用常量和低容量喷雾，两者所用剂型均为乳油、可湿性粉剂、可溶性粉剂或悬浮剂（胶悬剂）等，对水配成规定浓度的药液后，用以喷雾。

（2）喷 粉 法

利用喷粉器械喷撒粉剂的方法，称为喷粉法。该法工作效率高，不受水源限制，适用于消灭大面积发生的暴食性害虫。其缺点是耗药量大，易受风的影响，散布不均匀，粉剂在茎叶上粘着力差。喷粉作业时，药粉易于飞散逸出草坪，使其应用受到限制。

（3）撒 施 法

将颗粒剂或毒土，直接撒布在植株根际周围，用以防治地下害虫、根部或茎基部病害。毒土是将药剂与具有一定湿度的细土，按一定比例混匀制成的。采用撒施法施药后，应及时灌水，以使药剂渗透到枯草层和土壤中去。此法在城市草坪中应慎用。

（4）种子处理

这是用药剂拌种或浸种的施药方式。商品种子多用种衣剂包衣。主要用于防治种传病害和地下害虫，并保护幼苗免受土壤中病原菌侵染。

（5）土壤处理

这是在播种前将药剂施于土壤中，主要防治地下害虫、苗期害虫和根病的施药方式。因施药目的不同，施药方法和施药深度也不一样。土表处理,是用喷雾、喷粉、撒毒土等方法,将药剂全面施于土壤表面,再翻耙到土壤中。深层施药,是施药后再深翻或用器械直接将药剂施于较深的土层。

（6）熏 蒸 法

这是用熏蒸剂的有毒气体在密闭或半密闭设施中,处理、杀灭害虫或病原菌的方法。有的熏蒸剂还可用于土壤熏蒸,即用土壤注射器或土壤消毒机,将液态熏蒸剂注入土壤内,在土壤中形成气体扩散,以消灭害虫、线虫或病原菌。土壤熏蒸后,需按规定等待一段较长的时间,待药剂充分发散后才能播种,其目的是保证植物安全。施用熏蒸剂,应在专业人员指导下进行。

3. 合理使用农药

为了充分发挥药剂的效能,实现"安全、经济、高效"的目标,提倡合理使用农药。

（1）必须对"症"下药

要按照药剂的有效防治范围、作用机制和防治对象,合理地选用药剂与剂型。任何农药都有一定的应用范围,即使是广谱性药剂也不例外。使用前,应仔细阅读农药说明书,防止盲目用药。对没有用过的农药或剂型,应先进行药效试验或试用。选择药剂和剂型,还要考虑施药部位、施药方式和对次要病虫害的兼治效果,以及对天敌的影响等。草坪用农药,还应低毒、低残留、无恶臭和无药害。

（2）要做到适量、适时用药

要科学地确定用药量、施药时期、间隔天数和施药次数。田间施药时,用药量为单位面积上农药有效成分或制剂的用量,需仔细辨明。习惯上还用药剂的加水稀释倍数来表示。用药量不变,常量喷雾时药液浓度较低,用液量较多;低量喷雾时,药液浓度较高,而用液量较少。用药量主要取决于药剂和有害生物种类,但也因草坪植物种类和生育期的不同,土壤或气象条件的不同而有所改变。施药时期,因施药方式和病虫对象而异。土壤熏蒸都在播种前进行,土壤处理也大多在播种前或播种时进行。田间喷洒剂,应在病虫发生初期喷施。对昆虫的一个世代来说,防治时期应以小龄幼虫期和成虫期为主。对病原菌的一次侵染来说,应在侵染即将发生时或侵染初期用药,喷药后遇雨应及时补喷。即使喷施内吸性或治疗性杀菌剂,也应贯彻早期用药的原则。对世代发生较多的害虫和再侵染频繁的病害,一个生长季节需多次用药。两次用药之间的间隔日数,主要根据药剂持效期确定。安排喷药作业,通常有两种具体方法:第一,根据田间调查结果和病虫害发生情况的预测进行安排。第二,设定相对固定的防治历。像高尔夫球场草坪一类经济价值和养护水平高,需经常喷药的草坪,属于后一种情况。

(3)要不断提高施药质量

作业人员应先行培训,使其熟练掌握配药、施药和器械使用技术。喷药前,应合理确定作业路线、行走速度和喷幅。喷药力求均匀周到,液滴直径和单位面积着落药滴数目应符合规定,叶片两面都要着药。不要局部喷药过重,致使药液沿叶面流失,更不要漏喷。叶面喷布内吸杀菌剂时,也要喷布周到,否则着药量不够,影响防治效果。施药效果与天气条件也有密切关系,宜选择无风或微风天气喷药,一般应在午后、傍晚喷药。若气温低,多数有机磷制剂效果不好,可在中午前后施药。草坪喷药后几天内不要灌水,不修剪。非内吸剂施药后遇雨,可考虑雨后补喷。

(4)注意避免药害

药剂使用不当,可使植物受到损害,产生药害。在施药后几小时至几天发生明显异常现象,这称为"急性药害";在较长时间后才出现的,称为"慢性药害"。药害主要是药剂选用不当,植物敏感,农药变质,杂质过多,添加剂和助剂用量不准,或质量欠佳等因素造成的。使用新药剂前,应做药害试验或先少量试用。另外,农药的不合理使用,如混用不当、剂量过大、喷药不均匀、两次施药相隔时间太短,在植物敏感期施药,以及环境温度过高、光照过强、湿度过大等,都可能造成药害。

(5)要延缓和防止产生抗药性

长期连续使用单一农药品种,会导致害虫和病原菌产生抗药性,防治效果剧降。禾草白粉病菌、雪霉叶枯病菌、多种镰刀菌和币斑病菌,对苯菌灵、多菌灵和甲基托布津一类药剂,腐霉疫病菌对甲霜灵,炭疽病菌对苯菌灵,螨类对三氯杀螨砜,蚜虫和夜蛾科幼虫对有机磷杀虫剂等,都有产生抗药性的实例。为延缓抗药性产生,要轮换使用或混合使用作用方式和机制不同的农药,要尽量减少用药次数,减低用药量,缩小用药范围,协调使用农业防治和生物防治措施。若发现药效降低,应进行有害生物抗药性测定,及时换用其他品种农药或采用其他防治措施。

(6)要防止非防治目标的有害生物发生

使用药剂不当,还可能加重非防治目标的其他有害生物发生。例如,施用苯菌灵导致德氏霉叶斑病、红丝病和腐霉病病情加重,施用百菌清导致条形黑粉病加重,施用扑海因导致霜霉病加重等。使用杀虫剂不当,也可能导致害虫或害螨再猖獗。产生上述现象的原因,可能是药剂杀伤了病原菌的颉颃微生物或害虫天敌。

（7）要特别注意安全用药

农药按其对人、畜等高等动物的毒害作用的不同，将其毒性分为特剧毒、剧毒、高毒、中毒、低毒和微毒等级别。农药通过皮肤、呼吸道和口腔进入人体，会引起急性中毒或慢性中毒。草坪宜选用低毒和微毒农药，不使用毒性较高的或易燃、易爆、高残留农药。对施药人员，应进行安全用药教育，使之事先了解所用农药的毒性、中毒症状、解毒方法和安全用药的措施。在农药贮放、搬运、分装、配药和施药诸环节中，都要严格遵守农药安全使用的规定，以确保人、畜的安全。

金盾版图书，科学实用，
通俗易懂，物美价廉，欢迎选购

林果生产实用技术荟萃	11.00元	月季	7.00元
林木育苗技术	17.00元	切花月季生产技术	9.00元
杨树丰产栽培与病虫害		杂交月季的繁育与种植	7.50元
防治	11.50元	菊花	4.50元
杉木速生丰产优质造林		盆栽菊	24.00元
技术	4.80元	杜鹃花	5.80元
马尾松培育及利用	6.50元	茉莉花的栽培与利用	6.00元
油桐栽培技术	4.30元	桂花栽培与利用	8.50元
竹子生产与加工	6.00元	山茶花盆栽与繁育技术	11.50元
芦苇和荻的栽培与利用	4.50元	中国名优茶花	18.50元
城镇绿化建设与管理	12.00元	兰花栽培入门	6.00元
花卉无土栽培	12.50元	中国兰与洋兰	30.00元
叶果类花卉施肥技术	4.50元	中国兰花栽培与鉴赏	24.00元
观花类花卉施肥技术	7.50元	中国梅花栽培与鉴赏	23.00元
花卉化学促控技术	5.00元	中国荷花(简装本)	28.00元
花卉病虫害防治(修订		中国荷花(精装本)	56.00元
版)	12.00元	仙客来栽培技术	3.00元
保护地花卉病虫害防治	15.50元	鲜切用花保护地栽培	5.50元
盆景苗木保护地栽培	8.50元	切花生产技术	9.90元
庭院花卉	10.00元	切花保鲜技术	8.00元
阳台花卉	12.00元	仙人掌类及多肉花卉栽	
室内盆栽花卉(第二版)	18.00元	培问答	11.00元
盆花保护地栽培	7.50元	观赏蕨类的栽培与用途	6.50元
家庭养花指导	12.00元	观叶植物保护地栽培	6.00元
中国南方花卉	24.00元	草本花卉栽培技术	10.00元

狗病防治手册	16.00 元	(修订版)	10.00 元
鸡鸭鹅的育种与孵化技术(第二版)	3.00 元	科学养鸡指南	28.00 元
		怎样养好鸭和鹅	5.00 元
家禽孵化与雏禽雌雄鉴别(第二版)	8.00 元	科学养鸭	5.00 元
		肉鸭高效益饲养技术	8.00 元
鸡鸭鹅的饲养管理(第二版)	4.60 元	鸭病防治(修订版)	6.50 元
		科学养鹅	3.80 元
鸡鸭鹅饲养新技术	11.50 元	高效养鹅及鹅病防治	6.00 元
简明鸡鸭鹅饲养手册	8.00 元	鹌鹑高效益饲养技术	8.00 元
肉鸡肉鸭肉鹅快速饲养法	5.50 元	鹌鹑火鸡鹧鸪珍珠鸡	5.00 元
		美国鹧鸪养殖技术	4.00 元
肉鸡肉鸭肉鹅高效益饲养技术	7.00 元	雉鸡养殖	5.00 元
		野鸭养殖技术	4.00 元
肉鸡高效益饲养技术(修订版)	9.00 元	野生鸡类的利用与保护	9.00 元
怎样养好肉鸡	4.50 元	鸵鸟养殖技术	6.00 元
蛋鸡高效益饲养技术	5.80 元	孔雀养殖与疾病防治	6.00 元
蛋鸡饲养技术	3.00 元	肉鸽信鸽观赏鸽	5.00 元
蛋鸡蛋鸭高产饲养法	6.00 元	肉鸽养殖新技术	5.00 元
555 天养鸡新法(第二版)	3.50 元	鸽病防治技术(修订版)	8.50 元
		家庭观赏鸟饲养技术	8.00 元
药用乌鸡饲养技术	3.50 元	家庭笼养鸟	4.00 元
鸡饲料配方 500 例(第二版)	5.40 元	芙蓉鸟(金丝鸟)的饲养与繁殖	4.00 元
怎样配鸡饲料	3.00 元	画眉和百灵鸟的驯养	3.50 元
鸡病防治	8.00 元	鹦鹉养殖与驯化	9.00 元
养鸡场鸡病防治技术		笼养鸟疾病防治	3.90 元

以上图书由全国各地新华书店经销。凡向本社邮购图书者,另加 10%邮挂费。书价如有变动,多退少补。邮购地址:北京太平路5号金盾出版社发行部,联系人徐玉珏,邮政编码100036,电话66886188。